AF435405

# DISEÑO GEOMÉTRICO DE VIALES Y TRAZADO DE CARRETERAS PARA TÉCNICOS DE FORMACIÓN PROFESIONAL

Luis Neira Tovar

© 2011 Bubok Publishing S.L.

1ª edición

ISBN: 978-84-9009-184-5 ISBN EBOOK: 978-84-9009-185-2

DL: M-36331-2011

Impreso en España / Printed in Spain

Impreso por Bubok

*A Carlos y a Carmen, motivo de mis desvelos.*

# ÍNDICE:

# 0.- PREFACIO.

El trazado geométrico de carreteras y caminos es uno de los contenidos de los ciclos de formación profesional de la familia de construcción, evidentemente enfocado a la obra civil, aunque en arquitectura también tienen su campo de aplicación: los proyectos de urbanización. Se detecta una ausencia de textos específicos que traten estos aspectos del proyecto que tengan un nivel adecuado para la formación profesional. Este tratado intenta dar solución a esa carencia.

El objetivo de esta publicación es, por tanto, servir de libro de texto a los alumnos de los Ciclos Formativos de Grado Superior de la familia de Edificación y Obra Civil, de las materias relacionadas con el proyecto de Obra Civil y con el Proyecto de Urbanización.

El planteamiento docente que subyace tiene tres vertientes: Por una parte, desmenuzar la normativa vigente sobre el trazado de carreteras y viales, de modo que el alumno sepa qué elementos debe tener el trazado y qué valores deben tener los distintos parámetros que definen cada elemento. En una segunda instancia, se facilitan fórmulas y procedimientos que permitan el cálculo manual del trazado. En una tercera línea se busca que el alumno sepa manejar programas informáticos de trazado de carreteras, introduciendo los datos según normativa, y analizando los resultados de manera crítica.

Altea, junio de 2011

Luis Neira Tovar

# 1.- INTRODUCCIÓN.

El trazado de carreteras en España está regulado por la norma de carreteras 3.1-IC-Trazado (1999) del Ministerio de Fomento. Es de aplicación para las carreteras del Estado, lo cual quiere decir que no es de aplicación en las carreteras, caminos y viales dependientes de Autonomías, Diputaciones Provinciales y Ayuntamientos. Pero ese matiz no es de relevancia, porque es práctica extendida por el resto de administraciones aplicar también la norma anterior.

La 3.1-I.C. contiene los criterios geométricos de diseño de carreteras, que incluyen las velocidades de circulación, los tipos de carreteras, las secciones transversales, el trazado en planta, el trazado en alzado, los peraltes, la coordinación entre planta y alzado, y algunos aspectos adicionales como secciones transversales especiales, o las distancias entre enlaces de carreteras.

Para el caso particular de las calles tendremos que acudir a las leyes urbanísticas de las Comunidades Autónomas y a los reglamentos que las desarrollan, y además, consultar también el Plan General de Ordenación Urbana del municipio, por si es más restrictivo que la norma autonómica. Para el caso de la Comunidad Valenciana tenemos vigentes en la actualidad (2011) la L.U.V. (Ley Urbanística Valenciana, de 2005), y el R.O.G.T.U. (Reglamento de Ordenación y Gestión Territorial y Urbanística, de 2006).

La normativa urbanística valenciana define fundamentalmente las dimensiones mínimas de los diferentes elementos de las secciones tipo de los viales en los sectores de nuevo desarrollo, dependiendo del tipo de diseño urbanístico que tengamos previsto en el planeamiento.

El diseño geométrico de carreteras se basa en una secuencia de simplificaciones. Partimos de la superficie de la carretera que queremos diseñar. Es una superficie muy compleja, que se desarrolla en 3 dimensiones. Lo primero que detectamos es que es mucho más larga que ancha, y que si hacemos cortes transversales las secciones son iguales o al menos parecidas. Así que la primera simplificación estriba en que separamos el estudio de la carretera entre el estudio de la sección transversal, que consideramos constante, y el eje de la carretera, que es una curva espacial. Decimos que la sección es constante, pero a grandes rasgos, ya que no es realmente constante, puesto que, por una parte, podemos tener carriles adicionales, por otra, los carriles en curvas de radios pequeños necesitan sobreanchos, y cuando estamos en curva las pendientes transversales de la calzada cambian para formar los peraltes.

Pero la curva espacial es muy difícil de definir matemáticamente y de representar y visualizar mientras proyectamos. Por ello la segunda simplificación es dividir el estudio del eje en su proyección en planta, y en su desarrollo en alzado. El eje en planta nos permitirá trabajar en el plano de planta, en coordenadas (X, Y), prescindiendo de las cotas. Deberemos calcular la longitud recorrida desde el inicio hasta cada uno de los puntos del eje en planta: esa distancia recorrida en planta a lo largo del eje es el punto kilométrico: P.K. A partir de esas distancias podemos realizar el trazado en alzado, en el que representamos las cotas (coordenada Z) del eje. El desarrollo en alzado consiste en hacer un corte vertical del eje pero no por un único plano vertical, sino siguiendo la proyección en planta del mismo eje. Lo representamos en un plano en el que el eje horizontal son los puntos kilométricos y el eje vertical son las cotas.

Es importante que el trazado en planta y el trazado en alzado estén coordinados para que la carretera no tenga ni zonas que queden sin visibilidad que puedan significar sorpresas para los conductores, como por ejemplo, cambios de rasante en curvas.

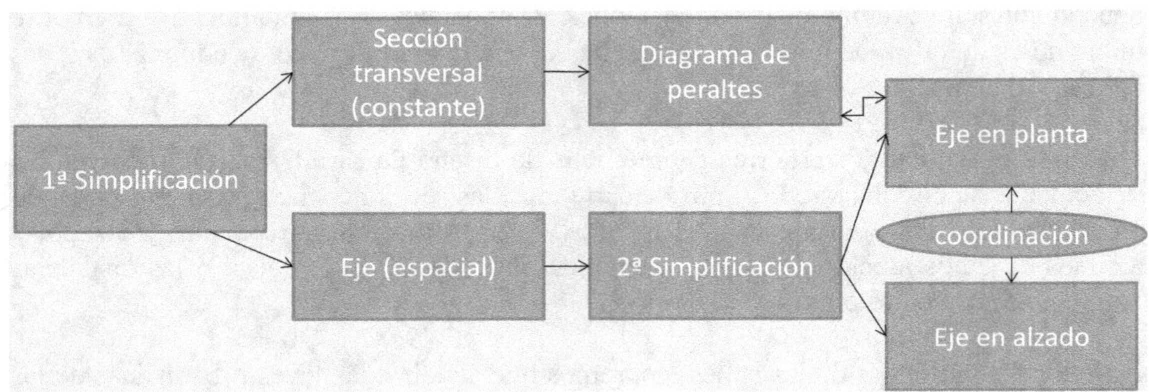


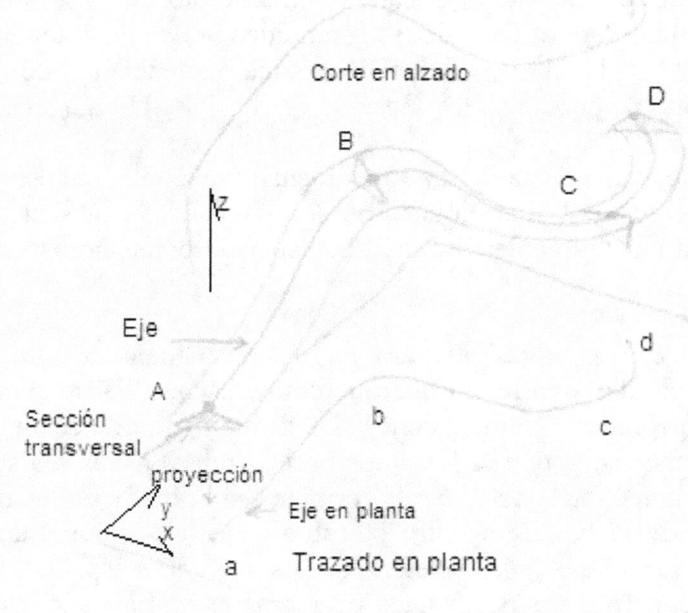


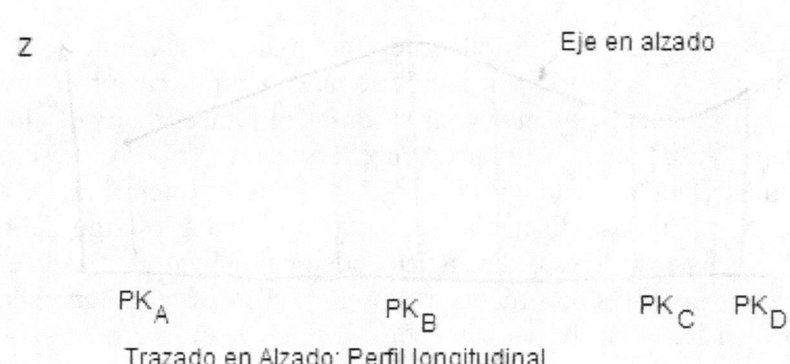


   

Podemos resumir diciendo que el trazado de una carretera se divide en:

- Trazado en planta.
  El trazado en planta se compone de:
    - Alineaciones rectas.
    - Curvas circulares.
    - Curvas de transición.
      - Unen las anteriores.
- Trazado en alzado.
  El trazado en alzado se compone de:
    - Alineaciones rectas.
    - Parábolas.
      - Cóncavas.
      - Convexas.
- Coordinación entre la planta y el alzado.
- Sección transversal:
    - Definición de la sección transversal.
    - Diagramas de peraltes.
- Intersecciones y enlaces.

Algunas peculiaridades:

- Predominio de la longitud sobre el resto de dimensiones: Por eso definimos un eje.
- Sección transversal bastante constante: Por eso trabajamos a partir de secciones-tipo.
- Primero se trabaja en planta, prescindiendo de la cota. (Sólo X,Y).
- Una vez tenemos definido el eje en planta, hemos de tener en cuenta las longitudes recorridas a lo largo de la curva: Son los PK.
- Después se trabaja en alzado, sólo con la longitud recorrida del eje en planta (PK) y las cotas (Z).
- Esta forma de trabajo nos obliga a que el diseño sea iterativo ya que hemos de realizar la coordinación de la planta y el alzado.
- Cuando tenemos puntos singulares, como los nudos (intersecciones y enlaces), el diseño se complica.
- **EL P.K.: Es el Punto Kilométrico, longitud recorrida o distancia al origen del eje.** Si queremos expresar el punto que está a 8.312,15m del origen del eje, ese punto tiene un PK 8+312,15. Esa distancia es recorrida a lo largo del eje, no medida en línea recta entre ambos puntos.

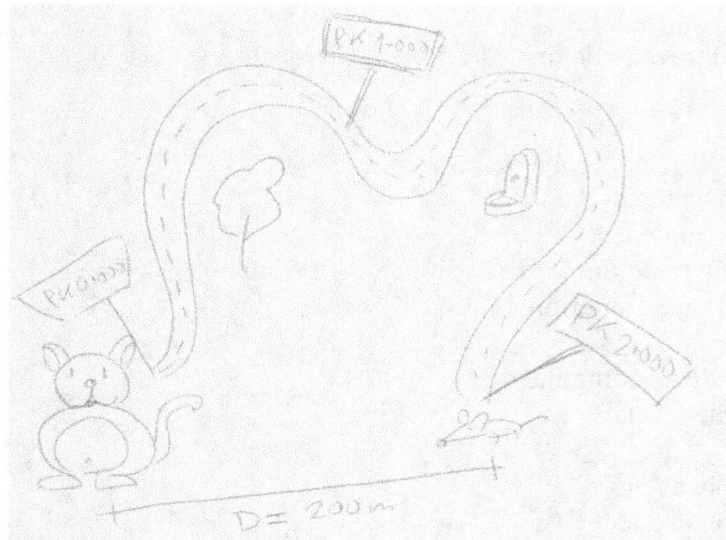


Pregunta:
¿A qué distancia está el gato del ratón?

*Respuesta:*
*Depende de si coge el coche: 2km, o si va andando: 200m.*

# 2.- LA VELOCIDAD DE DISEÑO.

La 3.1.-I.C.-Trazado divide las carreteras según varios criterios. De entre ellos destacamos las dos clasificaciones siguientes:
- Según la legislación vigente de tráfico (Ley de tráfico):
    - Autopista.
    - Autovía.
    - *Vía Rápida (desaparecida tras la última modificación de la ley).*
    - Carretera convencional.
- Según el número de calzadas.
    - Calzada única.
        - Son las que tienen una sola calzada para ambos sentidos de circulación.
        - Actualmente sólo se permiten las carreteras de 2 carriles.
    - Calzadas separadas.
        - Son las que tienen calzadas diferenciadas para cada sentido de circulación, con una separación física entre ambas.
        - No se considera como separación física la constituida exclusivamente por marcas viales sobre el pavimento o bordillos montables (altura inferior a 15 cm).
        - Actualmente sólo se permiten de 2 a 4 carriles por sentido.

Hay dos parámetros básicos de diseño geométrico: La velocidad es el parámetro n°1. El otro es la intensidad de tráfico prevista, que es la que nos condiciona sobre todo el número de carriles. El estudio de la intensidad de tráfico, ya sea diaria (I.M.D., Intensidad diaria de tráfico) u horaria, escapa del objetivo de este libro, y no nos influye en el estudio de la geometría tal y como lo vamos a desarrollar.

La norma define distintos conceptos relativos a la velocidad, que vamos a redefinir de manera simplificada:
- Velocidad específica $v_e$: Si cogemos un elemento concreto de la carretera olvidándonos del resto, es la mayor velocidad a la que podríamos llegar a circular por ese elemento en condiciones de seguridad y comodidad aceptables. Las rectas en planta tendrán una velocidad específica infinita, pero las curvas circulares no, y si pensamos en las curvas de transición en alzado, también encontraremos que está limitada su velocidad específica.
- Velocidad de proyecto $v_p$: Si tomamos un tramo de carretera existente o del que vamos a hacer un proyecto, la velocidad de proyecto es la que nos sirve de referencia para el diseño de todo el tramo, y todos los elementos que usemos deberán tener una velocidad específica igual o superior a esa $v_p$.

A partir del tipo de carretera y de la velocidad de proyecto, se dividen las carreteras en 2 grupos (1 y 2), de la siguiente manera:

| | Vp (km/h) | 40 | 60 | 80 | 100 | 120 |
|---|---|---|---|---|---|---|
| **GRUPO 1:** | **AUTOPISTAS** | | | AP-80 | AP-100 | AP-120 |
| | **AUTOVÍAS** | | | AV-80 | AV-100 | AV-120 |
| | **CARRETERAS** | | | | | C-100 |
| **GRUPO 2:** | **CARRETERAS** | C-40 | C-60 | C-80 | | |

A partir de esta clasificación definimos la carretera para unas determinadas prestaciones y otras.

# 3.- LA VISIBILIDAD Y LA "DISTANCIA DE…".

Hemos de tener en cuenta que para una determinada velocidad de circulación elegida, hemos de garantizar que se dispone de visibilidad suficiente para la maniobra. Así que si hubiera un obstáculo en la calzada, debemos tener el tiempo suficiente para detectarlo, frenar y parar, antes de haber chocado contra él. La distancia que hemos recorrido mientras detectábamos y frenábamos es la distancia de parada. Pues bien, hemos de tener garantizada una visibilidad de parada mayor a la distancia de parada que se requiere para la velocidad de proyecto.

La visibilidad de parada se determina teniendo en cuenta que el ojo del conductor está a 1.1m de altura y que el obstáculo tiene 20cm, datos que influyen sobre todo en el diseño en alzado. La visibilidad de parada no se mide en línea recta, sino sobre el eje en planta de la carretera, al igual que la distancia de parada.

La distancia de parada depende de la velocidad de proyecto y de la pendiente longitudinal de la carretera. La norma introduce una tabla a partir de la cual obtener dicha distancia. Habrá que comparar la visibilidad con la distancia, y comprobar que es la visibilidad es mayor.

En realidad, este criterio nos afectará de la siguiente manera:
- En el trazado en planta, deberemos garantizar que el interior de la curva tiene una zona libre de vegetación y obstáculos suficiente para que se pueda ver asegurando la visibilidad de parada. Esa zona libre de obstáculos en las curvas es lo que se llama el despeje.
- En el trazado en alzado, deberemos tomar para los cambios de rasante unas parábolas lo suficientemente suaves para que se vea, ya sea de día o de noche, lo suficiente para asegurar la visibilidad de parada; ello implica elegir una parábola cuyo parámetro característico esté calculada de manera que eso se cumpla, lo cual se consigue directamente seleccionando los parámetros que ya vienen tabulados en la norma. Es decir, tomando los parámetros de las parábolas de la norma, no tenemos que preocuparnos por si cumplimos la visibilidad de parada en alzado.

| Distancia de Parada Dp (m) | | | | | | | | | | | | | | | | | |
|---|---|---|---|---|---|---|---|---|---|---|---|---|---|---|---|---|---|
| V | | | | | | | | i | | | | | | | | | |
| km/h | 8 | 7 | 6 | 5 | 4 | 3 | 2 | 1 | 0 | -1 | -2 | -3 | -4 | -5 | -6 | -7 | -8 |
| 40 | 35 | 35 | 35 | 35 | 36 | 36 | 36 | 36 | 37 | 37 | 38 | 38 | 38 | 39 | 39 | 40 | 40 |
| 50 | 48 | 48 | 49 | 49 | 50 | 50 | 51 | 51 | 52 | 52 | 53 | 54 | 54 | 55 | 56 | 57 | 58 |
| 60 | 63 | 64 | 65 | 66 | 66 | 67 | 68 | 69 | 70 | 71 | 72 | 73 | 74 | 75 | 76 | 78 | 79 |
| 70 | 82 | 83 | 84 | 85 | 86 | 87 | 88 | 90 | 91 | 93 | 94 | 96 | 98 | 99 | 101 | 103 | 106 |
| 80 | 103 | 105 | 106 | 108 | 109 | 111 | 113 | 115 | 117 | 119 | 121 | 124 | 126 | 129 | 132 | 135 | 138 |
| 90 | 127 | 129 | 131 | 133 | 135 | 138 | 140 | 143 | 145 | 148 | 152 | 155 | 158 | 162 | 166 | 171 | 176 |
| 100 | 154 | 157 | 159 | 162 | 165 | 168 | 171 | 175 | 179 | 183 | 187 | 191 | 196 | 201 | 207 | 213 | 220 |
| 110 | 185 | 188 | 191 | 195 | 199 | 203 | 207 | 212 | 217 | 222 | 228 | 234 | 240 | 247 | 255 | 263 | 272 |
| 120 | 219 | 224 | 228 | 233 | 238 | 243 | 249 | 255 | 261 | 268 | 276 | 284 | 293 | 302 | 312 | 323 | 335 |
| 130 | 259 | 264 | 270 | 276 | 282 | 289 | 296 | 304 | 312 | 321 | 331 | 342 | 353 | 365 | 379 | 394 | 410 |
| 140 | 303 | 310 | 317 | 324 | 332 | 341 | 350 | 360 | 371 | 383 | 395 | 409 | 424 | 440 | 458 | 478 | 499 |
| 150 | 353 | 361 | 370 | 380 | 390 | 401 | 413 | 425 | 439 | 454 | 470 | 488 | 507 | 528 | 552 | 578 | 607 |

El valor del despeje en una curva circular se obtiene de la siguiente fórmula:

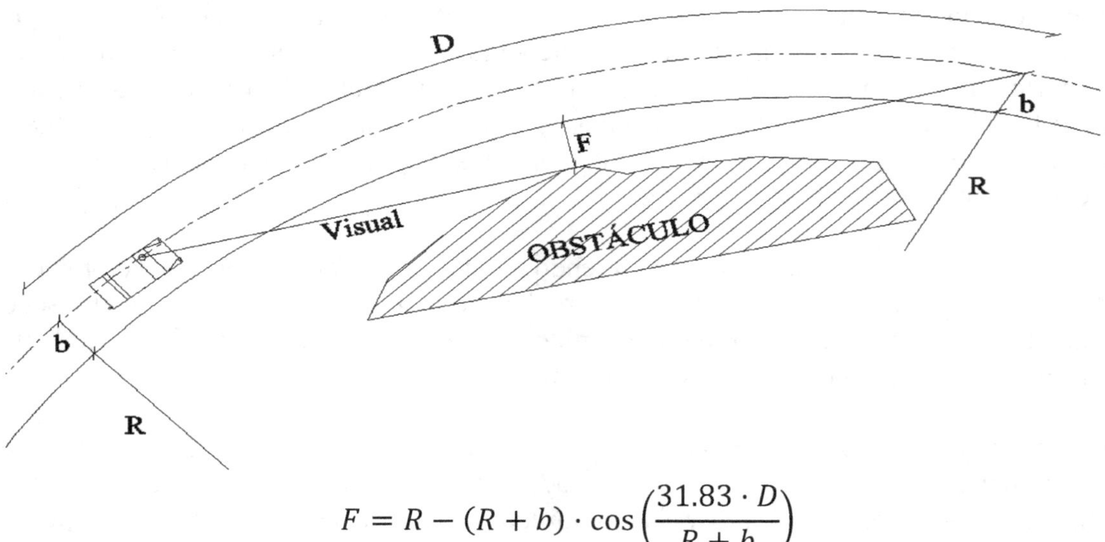


$$F = R - (R + b) \cdot \cos\left(\frac{31.83 \cdot D}{R + b}\right)$$

Donde

- R: Radio interno de la calzada en la curva;
- B: distancia del borde de la calzada al punto de vista del conductor.
- D: visibilidad.
- F: despeje.
- El cálculo del coseno tiene que hacerse en ángulos centesimales
- Todos los parámetros están medidos en metros.
- Un criterio práctico para b será considerar el ancho del carril, y para R el radio de la curva en el eje menos el ancho del carril, con lo que R+b es el radio de la curva en el eje.

Del mismo modo, en una carretera convencional en la que hemos de permitir la maniobra de adelantamiento, solamente podremos hacerlo si la visibilidad disponible es mayor a la distancia necesaria para que, yendo a la velocidad de proyecto, nos dé tiempo a detectar la posibilidad de maniobrar, acelerar cambiando de carril, rebasar al vehículo más lento, y reincorporarnos al carril. Esa distancia recorrida es la distancia de adelantamiento.

La distancia de adelantamiento viene calculada en la norma para cada velocidad de proyecto en la siguiente tabla:

| Velocidad de proyecto | $V_p$ (km/h) | 40 | 50 | 60 | 70 | 80 | 90 | 100 |
|---|---|---|---|---|---|---|---|---|
| Distancia de adelantamiento | $D_a$ (m) | 200 | 300 | 400 | 450 | 500 | 550 | 600 |

La visibilidad de adelantamiento se determina teniendo en cuenta que el ojo del conductor está a 1.1m de altura y que los vehículos también tienen esa misma altura. La visibilidad de adelantamiento tampoco se mide en línea recta, sino sobre el eje en planta de la carretera, al igual que la distancia de adelantamiento.

En el caso de la visibilidad de adelantamiento, hemos de hacer el cálculo para cada uno de los 2 sentidos de circulación, y garantizar un mínimo de al menos un 40% del total del tramo en el que se pueda adelantar. La determinación de las zonas en las que hay y en las que no hay visibilidad nos condiciona la señalización de adelantamiento tanto de las marcas viales como de la señalización vertical.

De nuevo, este criterio nos afectará en el trazado en planta, en el despeje a considerar en curvas. Y en el trazado en alzado, deberemos tomar los parámetros de las parábolas para los cambios de rasante lo suficientemente grandes para que las transiciones sean suaves, pero en este caso no tenemos suficiente con cumplir los mínimos de la tabla de la norma. Siguiendo las indicaciones de la propia norma, se entiende que no hay limitaciones en los acuerdos cóncavos. Para los acuerdos convexos hemos podido calcular de manera muy sencilla la siguiente tabla:

| Vp (km/h) | 40 | 50 | 60 | 70 | 80 | 90 | 100 |
|---|---|---|---|---|---|---|---|
| Kv convexos mínimos para adelantamiento | 4545 | 10230 | 18185 | 23015 | 28410 | 34375 | 40910 |

Hay una tercera visibilidad que hay que garantizar y es la visibilidad de cruce. Esta solamente afecta a los cruces a nivel en carreteras convencionales. Hemos de permitir que un vehículo que quiera cruzar de un lado al otro de la vía pueda hacerlo de manera segura cuando el conductor detecte que hay hueco suficiente en el tráfico rodado de la vía principal.

La distancia de cruce se define como la distancia que recorre un vehículo por la vía principal mientras otro cruza de lado a lado por la vía secundaria. En la 3.1.I.C. viene una fórmula, que podemos calcular fácilmente, reflejándola en la siguiente tabla:

| DISTANCIA DE CRUCE EN VÍAS CONVENCIONADES DE 1 CARRIL POR SENTIDO SIN CARRILES ADICIONALES | | | | | | | |
|---|---|---|---|---|---|---|---|
| Vp vía principal (km/h) | 40 | 50 | 60 | 70 | 80 | 90 | 100 |
| Sólo cruzarán vehículos ligeros | 72 | 91 | 109 | 127 | 145 | 163 | 181 |
| También cruzarán vehículos pesados rígidos | 104 | 130 | 156 | 182 | 208 | 234 | 260 |
| También cruzarán vehículos articulados | 135 | 169 | 203 | 237 | 271 | 305 | 339 |

Deberemos asegurar que la visibilidad de cruce es mayor a esa distancia, como en los casos anteriores.

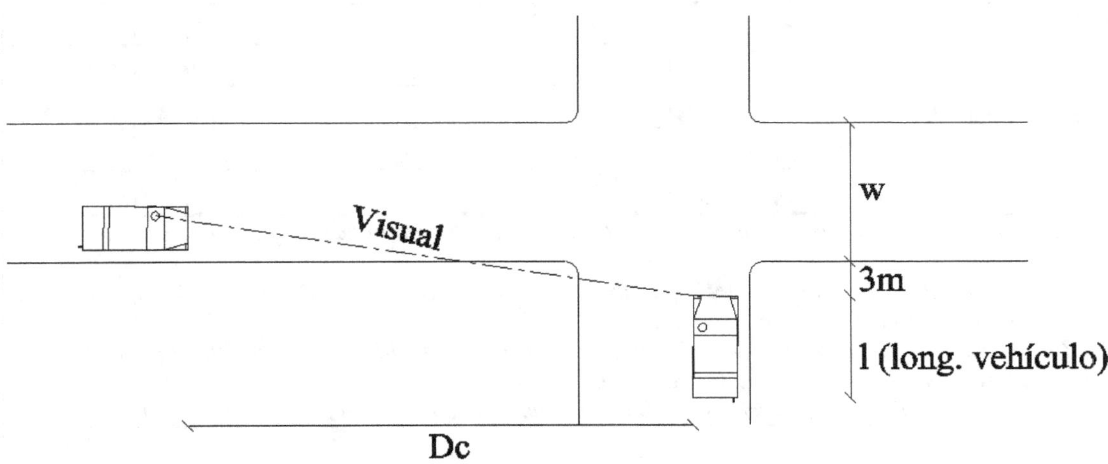

# 4.- LA SECCIÓN TRANSVERSAL Y EL EJE DEL VIAL.

El eje del vial es la línea directriz del modelo tridimensional. Lo tendremos que localizar previamente a definir la geometría del eje. La norma nos indica su posición, aunque a veces da varias posibles alternativas:

- calzadas separadas:
    - tramos con calzadas paralelas:
        - borde interior calzada derecha
        - borde interior calzada izquierda
- tramos con calzadas independientes:
    - cada calzada ha de tener su eje de referencia:
        - borde interior de cada calzada
        - centro de cada calzada
- calzada única:
    - centro calzada o separación sentidos

La sección transversal de la carretera tiene como parámetro principal el número de carriles. La norma nos permite:

- calzadas separadas:
    - $2 \leq$ n° carriles/calzada $\leq$ 4
- calzada única:
    - 2 carriles (nunca 2 carriles/sentido)

La calzada se define como el conjunto de carriles de tráfico rodado.

A partir de ahí, dependiendo del tipo de carretera, los distintos elementos de la carretera tienen las siguientes dimensiones:

| CLASE DE CARRETERA | | VELOCIDAD DE PROYECTO (km/h) | CARRILES (m) | ARCÉN (m) | | BERMAS (m) | |
|---|---|---|---|---|---|---|---|
| | | | | EXTERIOR | INTERIOR | MÍNIMO | MÁXIMO **** |
| DE CALZADAS SEPARADAS | | 120 | 3,5 | 2,5 | 1,0-1,5* | 0,75 | 1,5 |
| | | 100 | 3,5 | 2,5 | 1,0-1,5* | 0,75 | 1,5 |
| | | 80 | 3,5 | 2,5 | 1 | 0,75 | 1,5 |
| DE CALZADA ÚNICA | VÍAS RÁPIDAS | 100 | 3,5 | 2,5 | | 0,75 | 1,5 |
| | | 80 | 3,5 | 2,5 | | 0,75 | 1,5 |
| | CARRETERAS CONVENCIONALES | 100 | 3,5 | 1,5-2,5 | | 0,75 | 1,5 |
| | | 80 | 3,5 | 1,5*** | | 0,75 | 1,5** |
| | | 60 | 3,5 | 1,0-1,5*** | | 0,75 | 1,5** |
| | | 40 IMD$\geq$2000 | 3,5 | 0,5 | | - | - |
| | | 41 IMD<2000 | 3 | 0,5 | | - | - |

*El valor 1.5 se exigirá para medianas en las que, de forma continuada, la barrera esté adosada al arcén
**Para carreteras en terreno muy accidentado y con baja intensidad de tráfico (IMD<3000) se podrá justificar la ausencia o reducción de berma.
***Para carreteras en terreno muy accidentado o con baja intensidad (IMD<3000) se podrá reducir de forma justificada la dimensión del arcén en 0.5m como máximo.
****Salvo justificación en contrario (visibilidad, sistemas de contención de vehículos, etc.)

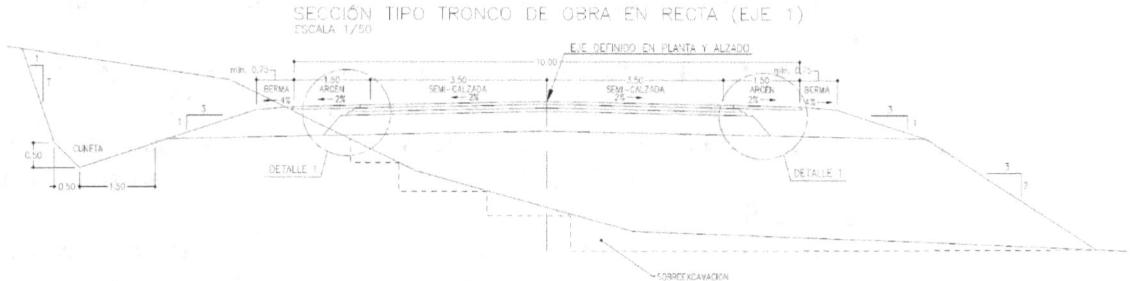


Además de los anchos de carriles, arcenes y bermas (la berma es una zona explanada sin pavimentar más allá del arcén, pero antes del talud), hay más elementos a los que fijar sus dimensiones:

La mediana (zona central que separa sentidos de circulación cuando hay calzadas separadas) tendrá un ancho de:
- deseable: 14 m
- mínima: 2 m
- excepcional: 1 m

La pendiente transversal de la calzada cuando estamos en un tramo recto se llama bombeo. Su valor es siempre de:
- calzada y arcenes: 2%
- bermas: 4%

La pendiente transversal de una carretera de una sola calzada para ambos sentidos, tiene los dos sentidos con inclinaciones opuestas, desaguando hacia afuera, es decir, hacia los taludes. En el caso de calzadas separadas, cada calzada correspondiente a un sentido tiene una sola inclinación para todos sus carriles y arcén, normalmente dirigida hacia afuera. Cuando estamos en curva, la peraltamos, con lo que las pendientes transversales varían y pasan del bombeo en recta a una inclinación única hacia el interior de la curva y de valor normalmente mayor que ese 2%.

Además de tener en cuenta los anchos y las inclinaciones, hemos de asegurar que en los pasos junto a estructuras y similares tenemos la altura libre suficiente para el paso de vehículos. Esa distancia que hemos de dejar libre se llama gálibo. Los valores mínimos serán:

- bajo pasos superiores:
  - carreteras interurbanas: 5,3 m
  - carreteras urbanas: 5,0 m
- bajo pasarelas, pórticos o banderolas: 5,5 m
- túneles: 5,0 m

En el caso de las calles en urbanizaciones de nuevo trazado en la Comunidad Valenciana, emplearemos como criterio lo recogido en la normativa urbanística vigente, actualmente el ROGTU. Recogemos a continuación sus determinaciones más importantes:

- La *Red Viaria* no incluida en los catálogos de carreteras, se ajustará las siguientes condiciones funcionales:
    - Salvo casos excepcionales, que deberán justificarse expresamente, **la pendiente** de los viales de tráfico rodado **no superará el 12%**. Las calles peatonales dispondrán de tramos escalonados cuando su pendiente supere el 15%. No se admitirán recorridos de carril-bici en el medio urbano cuya pendiente supere el 15%.
    - **Todos los viales** deberán permitir el paso de los vehículos de emergencia, para lo cual dispondrán de una **anchura mínima, libre de cualquier obstáculo, de 5 metros.**
    - **En los nuevos desarrollos, se implantará un recorrido de carril-bici** que, discurra, al menos, por los ejes principales de la ordenación y que conecte, en su caso, con la red de carril-bici ya implantada en las áreas urbanizadas y con la estructura de caminos del medio rural, cuando la actuación sea colindante a terrenos no urbanizados.
- Los elementos de la ***red viaria***, no incluida en los catálogos de carreteras, se ajustarán a las siguientes dimensiones:
    - La anchura mínima de los viales será la que se indica en la Tabla siguiente, en función del uso global predominante (residencial, terciario o industrial), la intensidad de la edificación y el carácter de la vía:

| Anchura mínima de los viales | | Sentido único (m) | Doble sentido (m) |
|---|---|---|---|
| | $IEB{>}0{,}60m^2/m^2$ | 16 | 20 |
| Residencial | $0{,}30{\leq}\ m^2/m^2\ {\leq}IEB{<}0{,}60\ m^2/m^2$ | 12 | 16 |
| | $IEB{<}0{,}30\ m^2/m^2$ | 10 | 12 |
| Terciario | | 16 | 20 |
| Industrial | | 18 | 24 |
| *En sectores Residenciales, los viales secundarios se puede reducir un 20% las dimensiones anteriores hasta una superficie viaria del 25% del total.* | | | |

> *Donde IEB es la edificabilidad bruta del sector. IEB se obtiene de: 1°) sumar todas las edificabilidades del sector, es decir, todos los $m^2$ de techo de usos residencial, industrial y terciario del sector (de uso privado, sin contar dotaciones públicas ni zonas verdes); 2°) Se divide el total de los $m^2$ de techo entre la superficie computable del sector (área en planta del sector a urbanizar). El resultado es IEB.*

    - Los **viales peatonales**, cualquiera que sea el uso dominante de la zona, tendrán una **anchura mínima de 5 metros.**
    - En las zonas de nuevo desarrollo, **las aceras tendrán una anchura mínima de 2 metros.** Las aceras de más de 3 metros de anchura deberán incorporar arbolado de alineación, con la limitación de que la anchura efectiva de paso no sea inferior a 2 metros y siempre que sea compatible con las redes de servicios. Las de más de 4 metros de anchura dispondrán siempre de arbolado de alineación.
    - Las **calzadas** destinadas a la circulación de vehículos tendrán una anchura mínima de 4,50 metros en los viales de un solo sentido de circulación y de 6 metros en los viales con doble sentido de circulación.

- Las bandas específicas de **carril-bici** tendrán una **anchura mínima de 2 m**.
- Las plazas de <u>aparcamiento</u> dispuestas <u>en cordón  tendrán unas dimensiones mínimas de 2,20 metros por 4,50 metros.</u> Las plazas de aparcamiento dispuestas <u>en batería tendrán unas dimensiones mínimas de 2,40 metros por 4,50 metros.</u>

# 5.- TRAZADO EN PLANTA 1: RECTAS.

El trazado en planta es una sucesión de rectas y curvas. La primera pregunta que se plantea el neófito es ¿por qué no hacer todo el trazado con una única recta muy larga que una el origen y el destino? La respuesta es doble: Porque sería muy caro, y porque sería muy aburrido. Sería muy caro, porque hemos de intentar que el trazado se ajuste al terreno, y hemos de unir también puntos intermedios; y sería aburrido, porque para una conducción amena se necesita la presencia de curvas que permitan ejercitarse al conductor.

Dicho todo lo cual, la 3.1-I.C. nos limita tanto las longitudes máximas como mínimas de los tramos rectos en planta, el máximo fundamentalmente por el motivo anterior, y los mínimos, para que el conductor perciba el paso por la recta entre curvas. Los resumimos a continuación:

- Longitud máxima de una recta: 60 segundos a la velocidad de proyecto. $L_{max}=16.70 \cdot V_P$.

- Longitud mínima de una recta: **Puede no existir tramo recto entre 2 curvas consecutivas**, así que es cero. Pero…

- Pero si disponemos un tramo recto entre 2 curvas, al menos tiene que tener una longitud mínima de:

  - En el caso de que las 2 curvas consecutivas giren en el mismo sentido (forma de C o de O), la longitud mínima es de 10 segundos a la velocidad de proyecto. $L_{min}=2.78 \cdot V_P$.

  - En el caso de que las 2 curvas consecutivas giren en sentidos opuestos, haciendo un recorrido en S (forma de S), la longitud mínima es de 5 segundos a la velocidad de proyecto. $L_{min}=1.39 \cdot V_P$.

Se resumen en la siguiente tabla todas las anteriores fórmulas:

| $V_p$ (km/h) | $L_{min, s}$ (m) | $L_{min, c}$ (m) | $L_{max}$ (m) |
|---|---|---|---|
| 40 | 56 | 111 | 668 |
| 50 | 69 | 139 | 835 |
| 60 | 83 | 167 | 1002 |
| 70 | 97 | 194 | 1169 |
| 80 | 111 | 222 | 1336 |
| 90 | 125 | 250 | 1503 |
| 100 | 139 | 278 | 1670 |
| 110 | 153 | 306 | 1837 |
| 120 | 167 | 333 | 2004 |

El trazado en planta será una poligonal de rectas enlazadas por curvas. Ahora bien, ¿qué ángulos deben mantener 2 rectas consecutivas de la poligonal? ¿Hay algún criterio que limite dicho ángulo? La respuesta es sí. Pero la norma tiene una enorme manga ancha en este aspecto, como a continuación vamos a ver.

Se *"exige"* una variación mínima del azimut de $20^g$ , pero si seguimos leyendo el art. 4.3.4. de la norma, observamos que:
- Se permiten valores entre $20^g$ y $9^g$.
- En casos excepcionales, se permiten ángulos de hasta $2^g$.
- En ningún caso se aceptan valores por debajo de los $2^g$.

No obstante, recomendamos hacer caso a la exigencia general, ya que operar de otro modo se puede calificar abiertamente de chapuza. Hay que hacer constar que dos rectas que distan $2^g$ son *"casi"* paralelas.

A continuación nos vamos a salir de la línea argumental del texto y vamos a incorporar unos conceptos básicos sobre el cálculo geométrico de rectas en el plano. A aquellos que estén leyendo este texto como una explicación comentada de la norma, les recomendamos pasar al siguiente apartado.

Si queremos representar matemáticamente la recta en planta tenemos dos opciones, que están relacionadas entre sí:

- A partir de 2 puntos.
- Con punto y dirección.

Veamos el primer modo, y como desde él llegamos al segundo.

Dados 2 puntos A $(x_A, y_A)$ y B $(x_B, y_B)$ siempre podremos definir una recta que los una. Su azimut será $\theta_{AB}$ obtenido como:

$$\tan(\theta_{AB}) = \frac{X_B - X_A}{Y_B - Y_A}$$

La distancia AB es

$$d_{AB} = \sqrt{(X_B - X_A)^2 + (Y_B - Y_A)^2}$$

La recta AB es la misma recta que la BA, sólo cambia el sentido de orientación.

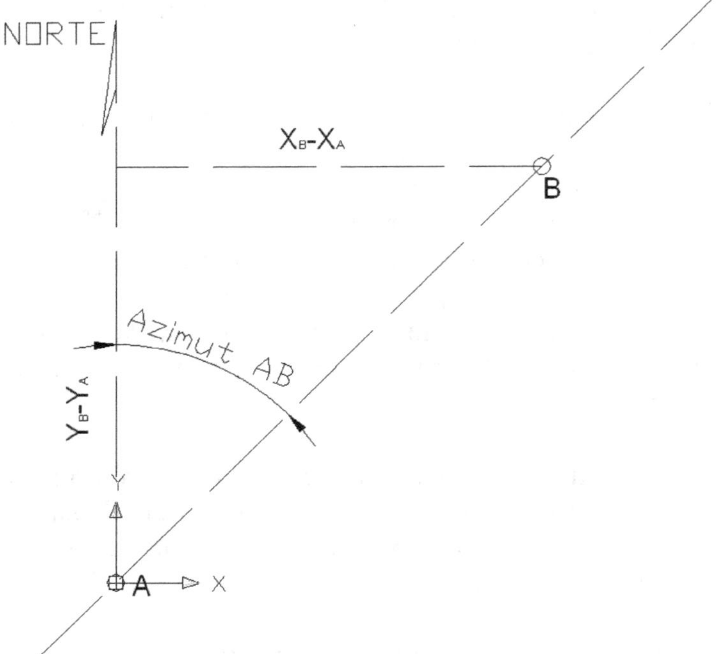


Vemos que a partir de los puntos hemos obtenido la dirección de la recta de forma inmediata.

La ecuación analítica de la recta a partir de dos puntos se obtiene de una semejanza de triángulos y es:

$$\frac{X - X_A}{X_B - X_A} = \frac{Y - Y_A}{Y_B - Y_A}$$

, donde (X, Y) son las coordenadas de un punto cualquiera de la recta. La misma ecuación se reescribe como:

$$X = X_A + \tan(\theta_{AB}) \cdot (Y - Y_A)$$

Que es la fórmula de la recta con un punto A y una dirección $\theta_{AB}$.

Explicaremos a continuación las operaciones básicas de rectas en el plano como son:
- Intersección de 2 rectas.
- Rectas paralelas.
- Rectas perpendiculares.

1) Intersección de rectas:

Dos rectas en un plano pueden ser:
- Dos rectas paralelas: Se reconoce en seguida, pues tienen el mismo azimut.
- La misma recta. Se descubre que las ecuaciones de dos rectas paralelas son en realidad de la misma recta si tomando un punto de una de ellas cumple con la ecuación de la otra.
- Dos rectas secantes, que se cortan o intersectan en un solo punto V. Lo serán si los azimutes son distintos.

Podemos realizar el cálculo de la intersección de dos rectas por dos métodos diferentes:

- Por resolución de un triángulo, aplicando el teorema del seno, y posterior cálculo de radiación respecto a un punto de coordenadas conocidas, obteniendo las coordenadas (x, y) del punto de intersección.
- Por resolución de un sistema de 2 ecuaciones de primer grado con dos incógnitas, que nos dan como resultado las coordenadas (x, y) de la intersección.

Vamos a desarrollar solamente el segundo método.

Dadas 2 rectas $r_1$ y $r_2$, tomo un punto A ($x_A$, $y_A$) de $r_1$ y un punto B ($x_B$, $y_B$) de $r_2$. La recta $r_1$ tiene un azimut $\theta_1$ y la recta $r_2$ tiene un azimut $\theta_2$. Hago un croquis y luego:

Resuelvo el sistema de 2 ecuaciones con dos incógnitas, para obtener el punto V ($x_v$, $y_v$) que pertenece a ambas rectas:

$$\begin{cases} X_V = X_A + \tan(\theta_1)\cdot(Y_V - Y_A) \\ X_V = X_B + \tan(\theta_2)\cdot(Y_V - Y_B) \end{cases}$$

El resultado es:

$$Y_V = \frac{X_B - X_A + Y_A\cdot\tan(\theta_1) - Y_B\cdot\tan(\theta_2)}{\tan(\theta_1) - \tan(\theta_2)}$$

y la $x_v$ se calcula introduciendo $y_v$ en una de las ecuaciones anteriores.

   2) Recta paralela a otra por un punto dado:

Dada la recta $r_1$ que tiene un azimut $\theta_1$, y un punto exterior B ($x_B$, $y_B$). La recta $r_2$ paralela a $r_1$ y que pasa por B tiene por ecuación:

$$X = X_B + \tan(\theta_1)\cdot(Y - Y_B)$$

Dada la recta $r_1$ que tiene un azimut $\theta_1$, si queremos una paralela a una distancia dada D, lo que haremos será tomar un punto cualquiera de $r_1$ al que vamos a llamar C, radiar desde él con azimut $\theta_1 \pm 100^g$ y distancia D obteniendo un punto B:

- $X_B = X_C + d_{CB}\cdot sen(\theta_1)$
- $Y_B = Y_C + d_{CB}\cdot cos(\theta_1)$

La nueva recta paralela se obtiene como en el punto anterior. (Lo de $\pm 100^g$ en el caso de rectas paralelas es porque hay una paralela por la izquierda y otra por la derecha).

   3) Recta perpendicular a otra:

Dada la recta $r_1$ que tiene un azimut $\theta_1$, y un punto B ($x_B$, $y_B$), que puede ser exterior a $r_1$ o pertenecer a ella. La recta $r_2$ perpendicular a $r_1$ y que pasa por B tiene por ecuación:

$$X = X_B + \tan(\theta_1 + 100^g)\cdot(Y - Y_B)$$

Rematamos el apartado con un ejercicio resuelto sobre intersección de rectas:

**Ejercicio:**

Tenemos una alineación recta R1 definida por el punto A= (665'5165, 461'4141) y su azimut es $\theta_1$= 51.1127$^g$. Tenemos otra recta R2 definida por el punto B= (1028'4022, 482'7359) de azimut $\theta_2$= 127.4449$^g$. Se pide hacer un croquis de la posición de los puntos y las alineaciones así como realizar el cálculo analítico de:

 a) Vértice V1, intersección de ambas alineaciones.

 b) Ángulo interior "w" de la intersección de ambas rectas.

**Solución:**

Como siempre, comenzamos por el croquis:

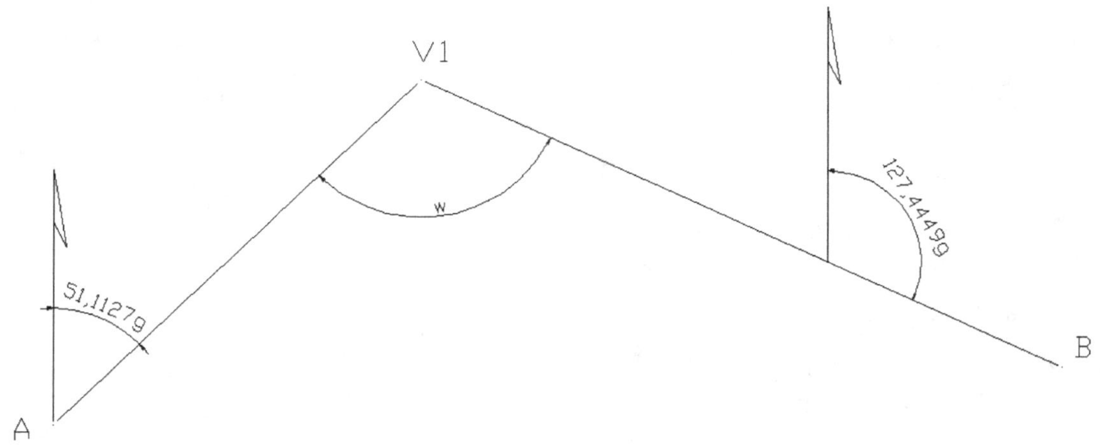


El primer paso será escribir las ecuaciones de ambas rectas:
$$R1: x = 665.5165 + (y - 461.4141) \cdot tang(51.1127^g)$$
$$R2: x = 1028.4022 + (y - 482.7359) \cdot tang(127.4449^g)$$
El vértice V$_1$ intersección de ambas rectas ha de cumplir ambas ecuaciones, ya que pertenece a ambas rectas. Por tanto, para obtener sus coordenadas, hemos de resolver el sistema de 2 ecuaciones. Lo obtenemos así:
$$y_{V1} = \frac{x_B - x_A + y_A \cdot tang(\theta_{R1}) - y_B \cdot tang(\theta_{R2})}{tang(\theta_{R1}) - tang(\theta_{R2})}$$

$$y_{V1} = \frac{1028.4022 - 665.5165 + 461.4141 \cdot tang(51.1127^g) - 482.7359 \cdot tang(127.4449^g)}{tang(51.1127^g) - tang(127.4449^g)}$$
$$= 588.9158m$$

La coordenada x$_{V1}$ se obtiene sustituyendo y$_{VI}$ en cualquiera de las dos ecuaciones de las rectas.

$$x_{V1} = 665.5165 + (588.9158 - 461.4141) \cdot tang(51.1127^g) = 797.5549m$$

V$_1$= (797.5549; 588.9158)


Se nos pide además el ángulo interior de ambas rectas w. A la vista del croquis vemos que es tan sencillo como hacer:
$$w = \theta_{V1}^A - \theta_{V1}^B = (\theta_{R1} + 200^g) - \theta_{R2} = 251.1127^g - 127.4449^g = 123.6678^g$$

Hay un modo alternativo de realizar el cálculo de las coordenadas del punto V$_1$, utilizando el teorema del seno, centrándonos en el triángulo formado por A, V$_1$ y B.

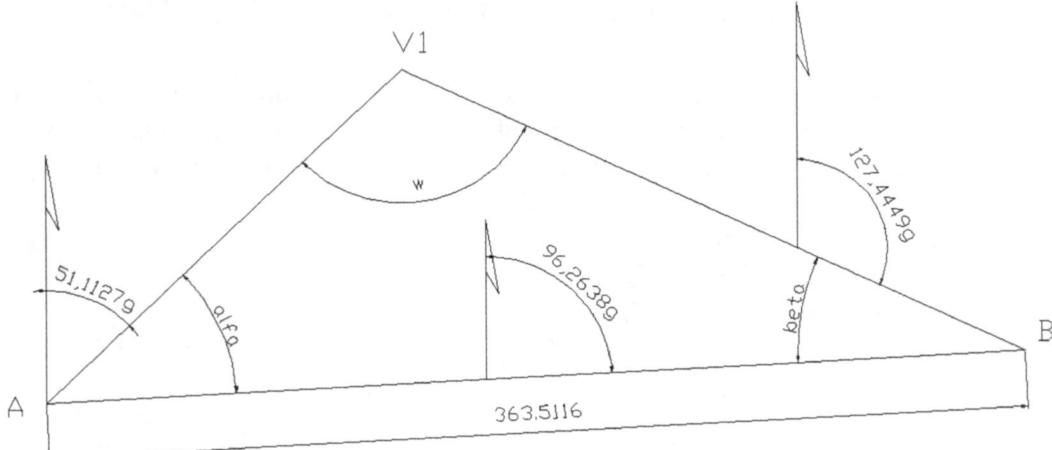



Este método alternativo empieza calculando el ángulo w. Luego, calculamos la distancia A-B:

$$D_A^B = \sqrt{(X_B - X_A)^2 + (Y_B - Y_A)^2}$$
$$= \sqrt{(1028.4022 - 665.5165)^2 + (482.7359 - 461.4141)^2}$$
$$= 363.5116m$$

También hemos de calcular el azimut de la recta A-B:

$$\theta_A^B = arctang\left(\frac{x_B - x_A}{y_B - y_A}\right) = arctang\left(\frac{1028.4022 - 665.5165}{482.7359 - 461.4141}\right) = 96.2638^g$$

A partir de ese azimut, podemos calcular los ángulos α y ß, siempre atentos al croquis realizado:

$$\alpha = \theta_A^B - \theta_A^{V1} = 96.2638^g - 51.1127^g = 45.1511^g$$
$$\beta = \theta_B^{V1} - \theta_B^A = (\theta_{V1}^B + 200^g) - (\theta_A^B + 200^g) = 327.4449^g - 296.2638^g$$
$$= 31.1811^g$$

Ahora, podemos aplicar el teorema del seno para calcular la distancia $AV_1$.

$$\frac{V_1 1}{seno\alpha} = \frac{363.5116}{seno\;w} = \frac{AV_1}{seno\beta}$$

$$AV_1 = \frac{363.5116}{seno123.6678^g} \cdot seno31.1811^g = 183.5504m$$

Con esa distancia, realizaré una radiación desde A a $V_1$, ya que sé cuál es su distancia y cuál su azimut.

De ese modo, las coordenadas del punto $V_1$:

$$x_{V1} = x_A + D_A^{V1} \cdot sen(\theta_A^{V1}) = 665.5165 + 363.5116 \cdot sen(51.1127^g) = 797.5549m$$

$$y_{V1} = y_A + D_A^{V1} \cdot cos(\theta_A^{V1}) = 461.4141 + 363.5116 \cdot cos(51.1127^g) = 588.9158m$$

Que, como vemos da el mismo resultado que de la otra forma.

# 6.- TRAZADO EN PLANTA 2: CURVAS CIRCULARES.

La circunferencia se define como la curva cuyos puntos distan todos la misma distancia (el radio R) de otro punto interior a ella llamado centro O. Tiene como característica que la curvatura es constante y la longitud recorrida es proporcional al ángulo girado:

**L=R·α** (con α en radianes), donde:
- L es la longitud recorrida de circunferencia.
- R es el radio de la circunferencia.
- α, expresado en radianes, es el ángulo girado al recorrer una longitud L por la curva circular.

Como luego repetiremos, las curvas en planta que habitualmente unen 2 alineaciones rectas constan de una sucesión de tres elementos: **Clotoide+círculo+clotoide**, siendo ambas clotoides simétricas. Las clotoides, curvas de transición entre recta y círculo, las estudiaremos en el siguiente apartado. Podemos encontrar curvas más complejas como las curvas con clotoides asimétricas (que podemos encontrarnos en ramales de enlace), y también las curvas de 2 radios (que serán habituales en las alineaciones de los ramales de las glorietas) y las de 3 centros, pero nos vamos a centrar exclusivamente en las primeras.

Lo que va a centrar nuestra atención es determinar cuáles son las características que hemos de adoptar para nuestras curvas circulares en cada caso. Para ello, como siempre, acudiremos a la norma 3.1-I.C.

En las curvas circulares hay tres parámetros ligados entre sí:
- Velocidad,
- Radio y
- Peralte.

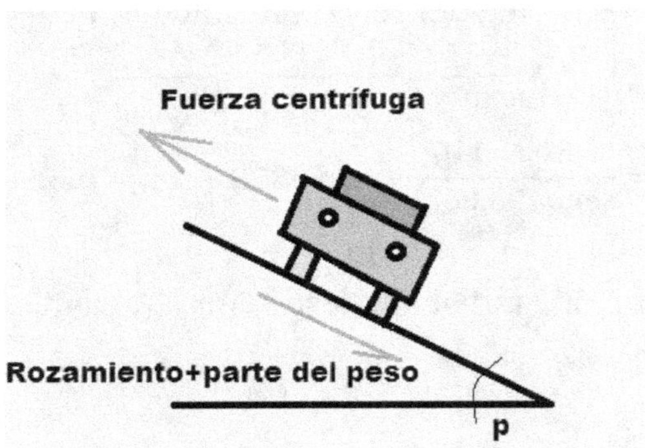


Ello es así porque el vehículo en curva sufre el efecto de la aceleración centrífuga que intenta desplazarlo hacia el exterior. Para contrarrestar ese efecto, el vehículo solamente dispone del rozamiento de las ruedas con el pavimento, y de la parte del peso que tiende a desplazar al vehículo hacia el interior de la curva si esta tiene peralte. Planteado el equilibrio de fuerzas en el plano transversal al del movimiento, y despejando las ecuaciones, se obtiene finalmente la siguiente fórmula:

$$V^2 = 127 \cdot R \cdot (f_t + \frac{p}{100})$$

Donde:

- V: velocidad en km/h
- R: Radio en m
- p: peralte en tanto por cien (un 7% de peralte se traduce en un 7 en la fórmula)
- $f_t$: Coeficiente de rozamiento transversal, que depende de la velocidad, y que está tabulado y es:

| Ve (km/h) | 40 | 50 | 60 | 70 | 80 | 90 | 100 | 110 | 120 | 130 | 140 | 150 |
|---|---|---|---|---|---|---|---|---|---|---|---|---|
| ft | 0,180 | 0,166 | 0,151 | 0,137 | 0,122 | 0,113 | 0,104 | 0,096 | 0,087 | 0,078 | 0,069 | 0,060 |

- El peralte "p" ha de tomar valores según el siguiente criterio. Los peraltes varían según el tipo de carretera y el radio de la curva:

    o Carreteras tipo 1:
    - $250 \leq R \leq 700$    entonces    p= 8%
    - $700 \leq R \leq 5.000$    entonces    $p= 8 - 7{,}3 \times (1 - 700/R)^{1,3}$ %
    - $5.000 \leq R < 7.500$    entonces    p= 2%
    - $7.500 \leq R$    entonces    Bombeo

    o Carreteras tipo 2:
    - $50 \leq R \leq 350$    entonces    p= 7%
    - $350 \leq R \leq 2.500$    entonces    $p= 7 - 6{,}08 \times (1 - 350/R)^{1,3}$ %
    - $2.500 \leq R < 3.500$    entonces    p= 2%
    - $3.500 \leq R$    entonces    Bombeo

Esta fórmula no es sin embargo la que empleamos para tomar los radios de nuestras curvas, porque la norma ya nos da los valores tabulados y entonces no nos hemos de preocupar de realizar los cálculos.

Así que:

- Primero, hemos de ver si estamos en una carretera de tipo 1 o de tipo 2,
- segundo, hemos de ver para qué velocidad diseñamos el tramo; nuestra curva tendrá que tener al menos esa velocidad específica o una mayor.
- Tercero, vamos a las tablas 4.3 o 4.4 de la norma, y vemos para esa velocidad cuál es el radio mínimo de la curva y su peralte asociado.
- Cuarto, si queremos hacer la curva más cómoda, podemos tomar un radio mayor, que tendrá siempre un peralte asociado. Lo que no podemos es tomar un radio menor, que nos limita la velocidad del tramo. Si tomamos un valor que no está en la tabla, hemos de ver cuál es su peralte asociado según los criterios expresados más arriba, dependiendo de si es carretera tipo 1 o tipo 2.
- Quinto, una vez hemos asignado todos los radios a las curvas, hemos de comprobar que cumplen los criterios de coordinación entre rectas y curvas en planta, que se recogen en las tablas 4.7 y 4.8, y de los que más adelante hablaremos. Avanzamos que estos criterios pueden cambiar radicalmente los radios inicialmente elegidos.

| Relación Ve-R-p en curvas circulares | | |
|---|---|---|
| Carreteras Grupo 1 | | |
| Ve (km/h) | R (m) | p (%) |
| 80 | 250 | 8 |
| 85 | 300 | 8 |
| 90 | 350 | 8 |
| 95 | 400 | 8 |
| 100 | 450 | 8 |
| 105 | 500 | 8 |
| 110 | 550 | 8 |
| 115 | 600 | 8 |
| 120 | 700 | 8 |
| 125 | 800 | 7,51 |
| 130 | 900 | 6,97 |
| 135 | 1050 | 6,25 |
| 140 | 1250 | 5,49 |
| 145 | 1475 | 4,84 |
| 150 | 1725 | 4,29 |

| Relación Ve-R-p en curvas circulares | | |
|---|---|---|
| Carreteras Grupo 2 | | |
| Ve (km/h) | R (m) | p (%) |
| 40 | 50 | 7 |
| 45 | 65 | 7 |
| 50 | 85 | 7 |
| 55 | 105 | 7 |
| 60 | 130 | 7 |
| 65 | 155 | 7 |
| 70 | 190 | 7 |
| 75 | 225 | 7 |
| 80 | 265 | 7 |
| 85 | 305 | 7 |
| 90 | 35 | 7 |
| 95 | 410 | 6,5 |
| 100 | 485 | 5,85 |
| 105 | 570 | 5,24 |
| 110 | 670 | 4,67 |

Normalmente, las curvas constan de: Clotoide+círculo+clotoide. Ahora bien, podemos enlazar dos rectas consecutivas por medio de una única circunferencia en algunos casos:

- Cuando el ángulo entre rectas es muy pequeño, de $2 \leq \Omega \leq 6^g$. En estos casos el radio debe ser tal que cumpla que la longitud de circunferencia **L≥325-25·Ω**, o lo que es lo mismo, dado que R=L/ $\Omega$ (con el ángulo en radianes) que el radio sea (los valores han sido redondeados):

| Ángulo | $2^g$ | $3^g$ | $4^g$ | $5^g$ | $6^g$ |
|---|---|---|---|---|---|
| Radio (m) | 9000m | 5500m | 3500m | 2500m | 2000m |

- Cuando el radio de la circunferencia es de:
  - **En carreteras de tipo 1** (AP, AV y C-100)**: R≥5000m**
  - **En carreteras de tipo 2** (C-80, C-60 y C-40)**: R≥2500m**

La necesidad de coordinación entre diferentes elementos en planta de un mismo tramo para evitar efectos sorpresa durante la conducción, nos lleva a aplicar 2 criterios diferentes según sea la distancia entre curvas consecutivas.

- Curva-curva, sin recta o con recta de $L \leq 400$ m:
  Relación de radios:
    - AP, AV Y C-100:
        - $R_s = (1,5 + 1,05 \cdot 10^{-8} \cdot (R_e\text{-}250)^3) \cdot R_e$,  para $250 \leq R_e \leq 700$.
          Ver tabla 4.7 de la norma 3.1-I.C.
    - C-80, C-60 Y C-40:
        - $R_s = (1,5 + 4,693 \cdot 10^{-8} \cdot (R_e\text{-}50)^3) \cdot R_e$, para $50 \leq R_e \leq 300$.
          Ver tabla 4.8 de la norma 3.1-I.C.

- Curva-curva, con recta de L>400 m:
  Radio curva circular salida:
    - AP, AV Y C-100:          $R \geq 700$ m
    - C-80, C-60 Y C-40:      $R \geq 300$ m

Es decir, cuando la recta entre dos curvas no es muy larga, y las curvas no tienen ambas radios muy grandes, ambas curvas han de tener radios no muy diferentes entre sí. Y cuando la recta entre dos curvas es muy larga, esas dos curvas han de tener radios relativamente amplios para no producir sorpresa.

Esos criterios están tabulados en las tablas 4.7 y 4.8 de la 3.1-I.C., que a continuación recogemos:

| Tabla 4.7 Relación entre Radios consecutivos, en Carreteras tipo 1 | | | | | |
|---|---|---|---|---|---|
| Radio Entrada | Radio Salida | | Radio Entrada | Radio Salida | |
|  | Mínimo | Máximo |  | Mínimo | Máximo |
| 250 | 250 | 375 | 820 | 495 | >1720 |
| 260 | 250 | 390 | 840 | 503 | >1720 |
| 270 | 250 | 405 | 860 | 510 | >1720 |
| 280 | 250 | 420 | 880 | 517 | >1720 |
| 290 | 250 | 435 | 900 | 524 | >1720 |
| 300 | 250 | 450 | 920 | 531 | >1720 |
| 310 | 250 | 466 | 940 | 537 | >1720 |
| 320 | 250 | 481 | 960 | 544 | >1720 |
| 330 | 250 | 497 | 980 | 550 | >1720 |
| 340 | 250 | 513 | 1000 | 556 | >1720 |
| 350 | 250 | 529 | 1020 | 561 | >1720 |
| 360 | 250 | 545 | 1040 | 567 | >1720 |
| 370 | 250 | 562 | 1060 | 572 | >1720 |
| 380 | 253 | 579 | 1080 | 578 | >1720 |
| 390 | 260 | 596 | 1100 | 583 | >1720 |
| 400 | 267 | 614 | 1120 | 588 | >1720 |
| 410 | 273 | 633 | 1140 | 593 | >1720 |
| 420 | 280 | 652 | 1160 | 598 | >1720 |
| 430 | 287 | 671 | 1180 | 602 | >1720 |
| 440 | 293 | 692 | 1200 | 607 | >1720 |
| 450 | 300 | 713 | 1220 | 611 | >1720 |
| 460 | 306 | 735 | 1240 | 616 | >1720 |
| 470 | 313 | 758 | 1260 | 620 | >1720 |
| 480 | 319 | 781 | 1280 | 624 | >1720 |
| 490 | 326 | 806 | 1300 | 628 | >1720 |
| 500 | 332 | 832 | 1320 | 632 | >1720 |
| 510 | 338 | 859 | 1340 | 636 | >1720 |
| 520 | 345 | 887 | 1360 | 640 | >1720 |
| 530 | 351 | 917 | 1380 | 644 | >1720 |
| 540 | 357 | 948 | 1400 | 648 | >1720 |
| 550 | 363 | 981 | 1420 | 651 | >1720 |
| 560 | 369 | 1015 | 1440 | 655 | >1720 |
| 570 | 375 | 1051 | 1460 | 659 | >1720 |
| 580 | 381 | 1089 | 1480 | 662 | >1720 |
| 590 | 386 | 1128 | 1500 | 666 | >1720 |
| 600 | 392 | 1170 | 1520 | 669 | >1720 |
| 610 | 398 | 1214 | 1540 | 672 | >1720 |
| 620 | 403 | 1260 | 1560 | 676 | >1720 |
| 640 | 414 | 1359 | 1580 | 679 | >1720 |
| 660 | 424 | 1468 | 1600 | 682 | >1720 |
| 680 | 434 | 1588 | 1620 | 685 | >1720 |
| 700 | 444 | 1720 | 1640 | 688 | >1720 |
| 720 | 453 | >1720 | 1660 | 691 | >1720 |
| 740 | 462 | >1720 | 1680 | 694 | >1720 |
| 760 | 471 | >1720 | 1700 | 697 | >1720 |
| 780 | 479 | >1720 | 1720 | 700 | >1720 |
| 800 | 488 | >1720 |  |  |  |

| Tabla 4.8 Relación entre Radios consecutivos, en Carreteras tipo 2 | | | | | |
|---|---|---|---|---|---|
| Radio Entrada | Radio Salida | | Radio Entrada | Radio Salida | |
| | Mínimo | Máximo | | Mínimo | Máximo |
| 50 | 50 | 75 | 360 | 212 | >670 |
| 60 | 50 | 90 | 370 | 216 | >670 |
| 70 | 50 | 105 | 380 | 220 | >670 |
| 80 | 53 | 120 | 390 | 223 | >670 |
| 90 | 60 | 135 | 400 | 227 | >670 |
| 100 | 67 | 151 | 410 | 231 | >670 |
| 110 | 73 | 166 | 420 | 234 | >670 |
| 120 | 80 | 182 | 430 | 238 | >670 |
| 130 | 87 | 198 | 440 | 241 | >670 |
| 140 | 93 | 215 | 450 | 244 | >670 |
| 150 | 100 | 232 | 460 | 247 | >670 |
| 160 | 106 | 250 | 470 | 250 | >670 |
| 170 | 112 | 269 | 480 | 253 | >670 |
| 180 | 119 | 289 | 490 | 256 | >670 |
| 190 | 125 | 309 | 500 | 259 | >670 |
| 200 | 131 | 332 | 510 | 262 | >670 |
| 210 | 137 | 355 | 520 | 265 | >670 |
| 220 | 143 | 381 | 530 | 267 | >670 |
| 230 | 149 | 408 | 540 | 270 | >670 |
| 240 | 154 | 437 | 550 | 273 | >670 |
| 250 | 160 | 469 | 560 | 275 | >670 |
| 260 | 165 | 503 | 570 | 278 | >670 |
| 270 | 171 | 540 | 580 | 280 | >670 |
| 280 | 176 | 580 | 590 | 282 | >670 |
| 290 | 181 | 623 | 600 | 285 | >670 |
| 300 | 186 | 670 | 610 | 287 | >670 |
| 310 | 190 | >670 | 620 | 289 | >670 |
| 320 | 195 | >670 | 640 | 294 | >670 |
| 330 | 199 | >670 | 660 | 298 | >670 |
| 340 | 204 | >670 | 680 | 302 | >670 |
| 350 | 208 | >670 | 700 | 306 | >670 |

Para terminar con las curvas circulares en carreteras, vamos a hablar de los sobreanchos que deben introducirse en los carriles en curva en las curvas de radio <250m.

La fórmula del sobreancho S es:

$$S = 40.5/R$$

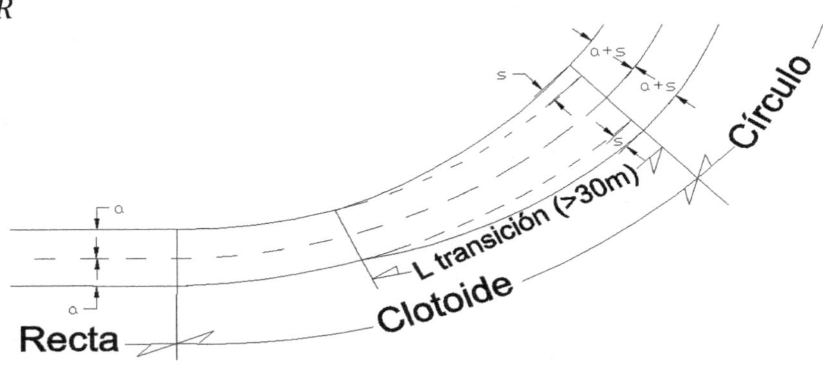

Al ancho del carril hay que sumarle ese sobreancho S en la zona de la curva. Ese aumento del ancho de los carriles se realiza en la clotoide de aproximación a la curva circular, en una longitud de al menos 30m (si es mayor, mejor). Repetimos, los sobreanchos sólo se necesitan en curvas con R>250m.

**Curvas circulares en calles:**
Podemos tomar los mismos criterios generales reflejados en la norma de trazado de carreteras, teniendo en cuenta que las calles serían elementos del grupo 2. Tenemos los radios tabulados para velocidades de hasta 40km/h, y para velocidades menores o peraltes diferentes, deberíamos emplear la fórmula (1) con la que iniciamos este apartado.

Ahora bien, dado que las velocidades de proyecto en los viales urbanos muy frecuentemente son de <40km/h, y sin peraltes, tenemos dificultad en aplicar directamente la 3.1-I.C. Por ello podemos acudir a criterios alternativos, como los recogidos en las "Recomendaciones de proyecto y diseño del viario urbano" que publicó el Ministerio de Fomento en los años 90 del pasado siglo, libro muy recomendable.

De todos modos cuando se realiza la planta de un desarrollo urbanístico hay una tendencia natural a delinear los ejes de los viales con rectas o con sucesiones de rectas sin curvas intermedias. Diseñando así los viales no tiene sentido buscar los radios de las curvas. Las curvas que trazarán los vehículos en sus maniobras serán las propias del cambio de dirección al ir de una calle a otra transversal.

En ese sentido, la pregunta que nos hemos de hacer es "¿a qué velocidad giran los vehículos cuando cambian su dirección al pasar de una calle a otra perpendicular?" Lo cierto es que las velocidades son escasas, podemos suponer valores de 10 a 20km/h a lo sumo para los vehículos que están girando. Para esos valores los radios se reducen mucho, y son esos radios los que deberíamos disponer en los bordillos que delimitan las esquinas de las manzanas y definen los perímetros de los viales urbanos.

A continuación recogemos los radios de giro mínimos en bordillos en los cruces de viales propuestos en las recomendaciones del Ayuntamiento de Madrid sobre diseño urbanístico. Son unos valores muy sensatos y se recomienda su uso. La conclusión es que en general se puede emplear un radio mínimo de 5.5m (o superior) en las esquinas de los cruces de calles. Si las manzanas se achaflanan y por tanto se da mayor libertad en las maniobras de giro, basta con asegurar que ese radio es inscribible.

Se establecen los siguientes radios mínimos de giro en bordillo de intersecciones

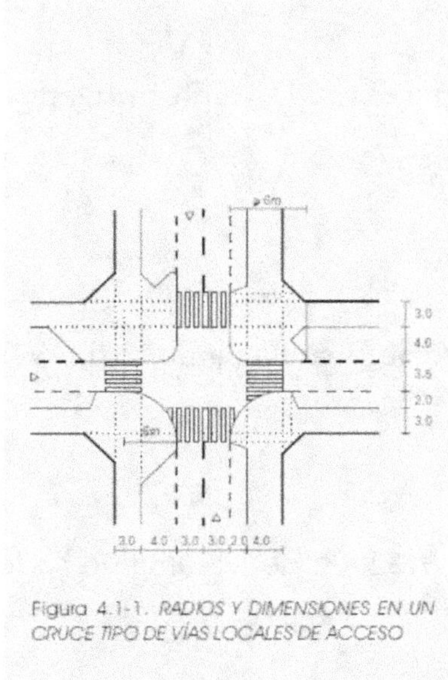

Figura 4.1-1. *RADIOS Y DIMENSIONES EN UN CRUCE TIPO DE VÍAS LOCALES DE ACCESO*

**CUADRO 4.1 - 2.1.2**
**RADIOS MÍNIMOS DE GIRO EN BORDILLO INTERIOR DE INTERSECCIONES A NIVEL PARA LOS MOVIMIENTOS PERMITIDOS**

| Tipos de vías | | | Radio mínimo en bordillo (m) |
|---|---|---|---|
| Vías Urbanas sin via de servicio y Vía Distrital | | | 10 |
| Vías Locales Colectoras | Áreas residenciales: | un solo carril por sentido | 10 |
| | | dos o más carriles por sentido | 6 |
| | Áreas industriales y comerciales | | 10 |
| Vías Locales de Acceso | Áreas residenciales: | calzada con un solo carril | 6 |
| | | calzada con dos o más carriles | 4* |
| | Áreas industriales y comerciales | | 10 |

* El RPICM establece un radio mínimo de acceso para vehículos de bomberos de 5,3 m. Habrá que comprobar que con dos o más carriles se consiga este parámetro.

En el diseño geométrico de rectas ya vimos las ecuaciones de las rectas. También veremos a continuación la geometría de la curva circular. Hemos de decir que estos desarrollos matemáticos solamente son de utilidad en los casos en los que no tengamos clotoides que enlacen las rectas con los círculos. De nuevo se recomienda pasar al siguiente capítulo a quien no quiera profundizar en estos aspectos.

El diseño de una curva circular de radio R entre dos rectas es el único caso que vamos a tratar por ser el más común (podríamos plantearnos el enlace de dos círculos mediante otro círculo, por ejemplo).

Partimos de la base de que conocemos el radio R de la curva y la geometría en planta de dos rectas $r_1$ y $r_2$, que tienen cada una su ecuación matemática que las describe, o bien conocemos de ellas un punto y su azimut (ya vimos que era lo mismo).

El primer paso es realizar la intersección de ambas rectas para hallar el vértice V, y calcular el ángulo girado entre ambas alineaciones α y el ángulo interior w (w=200$^g$- α). El procedimiento para obtener las coordenadas de V ya se vio en el apartado anterior. El cálculo del ángulo girado entre ambas rectas α se obtiene a partir de los azimutes de las dos rectas $\theta_1$ y $\theta_2$. Dependiendo de la posición de ambas rectas α se calcula de un modo u otro, pero de manera general podemos decir que:

$\alpha = |\ \theta_1 - \theta_2\ |$  (-200$^g$ si es mayor de 200$^g$)

Es decir, α vale la diferencia de ambos azimutes en valor absoluto (siempre con signo positivo) pero si el valor del ángulo es >200$^g$, le restamos los 200$^g$, porque el cambio de dirección que podemos realizar va desde 0 a 200$^g$.

Una vez obtenidas las coordenadas de V, y los ángulo α y w, y conocido R que es dato de partida, hemos de calcular la distancia de V a los puntos de tangencia del círculo con las rectas. Es la distancia T, que usando trigonometría obtenemos que vale:

$$T = R \cdot \tan (\alpha/2)$$

La distancia de los puntos de tangencia al centro es directamente R. También interesa conocer la distancia del vértice al centro VO, que se obtiene de:

$$VO = \frac{R}{\cos (\alpha/2)}$$

La distancia desde V al punto más próximo a la circunferencia B se llama bisectriz, VB vale:

VB=VO-R.

El ángulo de V a la tangente de entrada a la curva $T_e$ es: $\theta_1 \pm 200^g$ (se le suman o se le restan $200^g$ en función del valor del ángulo, lo que en esencia se hace es recorrer la recta hacia atrás).

El ángulo de V a la tangente de salida de la curva $T_s$ es directamente $\theta_2$.

El ángulo de V a O, que es el mismo que de V a B, es: $\theta_2 + w/2$.

Las coordenadas de los puntos Te, Ts, B y O se obtienen directamente por radiación desde V:

Te:
$$X_{Te} = X_V + T \cdot sen(\theta_1 \pm 200^g)$$
$$Y_{Te} = Y_V + T \cdot cos(\theta_1 \pm 200^g)$$

Ts:
$$X_{Ts} = X_V + T \cdot sen(\theta_2)$$
$$Y_{Ts} = Y_V + T \cdot cos(\theta_2)$$

O:
$$X_O = X_V + VO \cdot sen(\theta_2 + w/2)$$
$$Y_O = Y_V + VO \cdot cos(\theta_2 + w/2)$$

B:
$$X_B = X_V + VB \cdot sen(\theta_2 + w/2)$$
$$Y_B = Y_V + VB \cdot cos(\theta_2 + w/2)$$

Las coordenadas de cualquier punto interior de la curva se obtienen a partir de las del centro O. Por ejemplo, si queremos saber las coordenadas de un punto F que esté a 20m de la tangente de entrada (siempre medidos sobre el eje, en este caso medidos sobre la circunferencia), lo primero que hemos de hacer es calcular el ángulo girado en la curva. En este caso 20m/R nos da el ángulo en radianes, al que vamos a llamar $\delta$. Lo convertimos a ángulos centesimales multiplicando por 200 y dividiendo por $\pi$, es decir: $\delta = \frac{200}{\pi} \cdot \frac{20}{R}$. Una vez calculado este ángulo, calculamos las coordenadas del punto F buscado por radiación desde O, teniendo en cuenta que el ángulo desde O al punto de tangencia geométrica de entrada Te vale $\theta_1 \pm 100^g$, ya que es perpendicular a la recta $r_1$:

F:
$$X_F = X_O + R \cdot sen(\theta_1 \pm 100^g + \delta)$$
$$Y_F = Y_O + R \cdot cos(\theta_1 \pm 100^g + \delta)$$

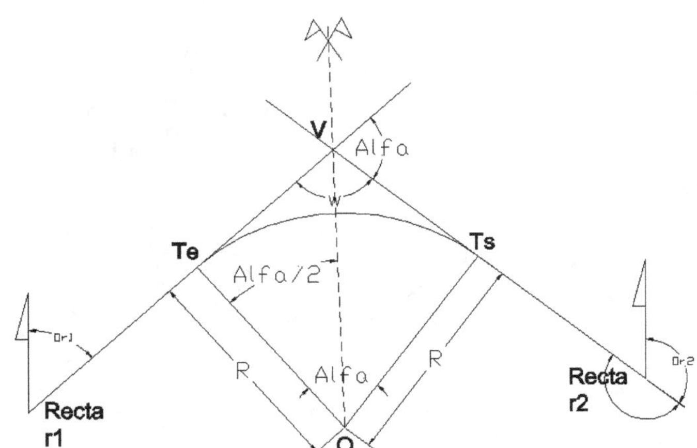


$$\widehat{w} = 200^g - \widehat{\alpha}$$
$$T_e V = T_s V = R \cdot tg(\widehat{\alpha}/2)$$
$$VO = \frac{R}{\cos(\widehat{\alpha}/2)}$$
$$VB = VO - R$$
$$\theta_{Te}^{O} = \theta_{r1} \pm 100^g$$
$$\theta_V^O = \theta_V^B = \theta_{r2} + \widehat{w}/2$$

Para fijar conceptos y desarrollar la mecánica de cálculo, se adjunta a continuación un ejercicio resuelto en el que también hay que emplear conocimientos sobre secciones transversales:

**Problema:**

Hay que diseñar la curva que enlaza las rectas R1 y R2 del eje de la variante de Villaconejos de Trabaque (provincia de Cuenca) en la carretera CM-310, por medio de un círculo de radio R **sin clotoides de transición**. La recta R1 va de A a V, y la R2 de V a B. El sentido de avance de los P.K. es de A hacia B, es decir, que primero pasamos por A y vamos hacia B.

Como dato adicional, nos hemos ido a la carretera, hemos medido la sección transversal, y hemos visto que tiene 2 carriles de 3m de anchura y los arcenes son de 0.5m, y sabemos, porque un anciano del pueblo nos lo ha comentado al vernos tan despistados, que la carretera se diseñó conforme a la norma de trazado 3.1-IC actual (con el descuido de haberse olvidado de las clotoides).

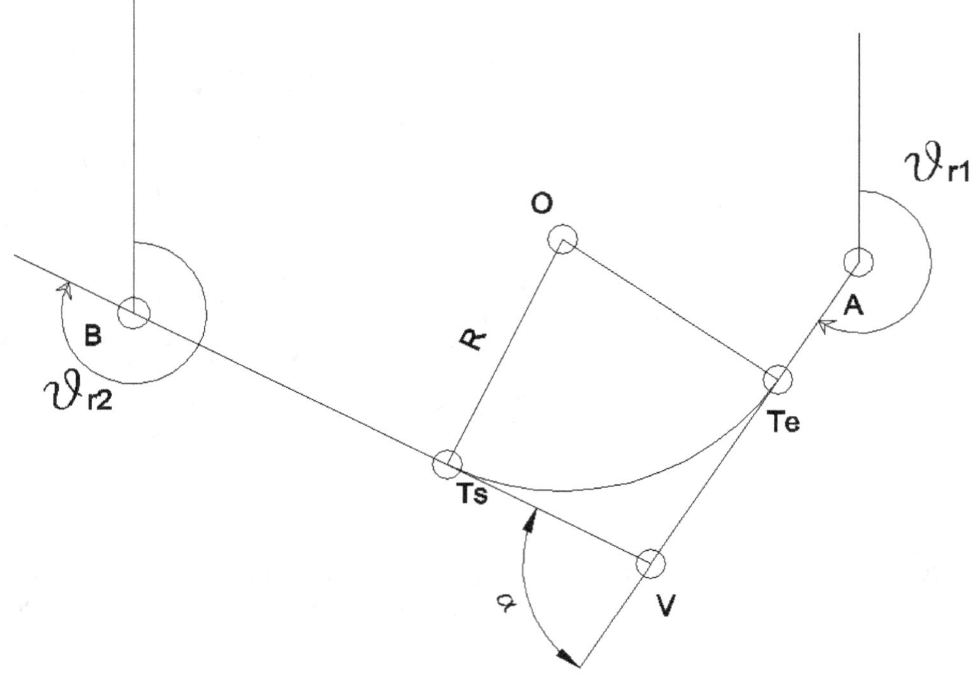


Se pide obtener:

a) Croquis de la intersección de ambas rectas y de la curva entre ellas.

b) Azimut de las alineaciones y ángulo de giro de la curva.

c) Radio mínimo R necesario para poder enlazar directamente ambas rectas sin necesidad de clotoides, teniendo en cuenta el tipo de carretera en la que nos encontramos, según 3.1-IC.

**Suponiendo que el Director del proyecto nos diga que el radio a emplear es R=130m, calcular:**

d) Coordenadas de los puntos de tangencia a la entrada, a la salida, del centro de la circunferencia y del punto medio, así como los puntos kilométricos en los que se hallan.

e) Ángulo girado en la curva y coordenadas del punto del eje en el P.K. 5+500.

Datos:

P.K.$_{A}$=5+220;

A= (1300; 2100)

V= (1100; 1800)

B= (600; 2050)

**Solución:**

a) Croquis de la intersección de ambas rectas y de la curva entre ellas.

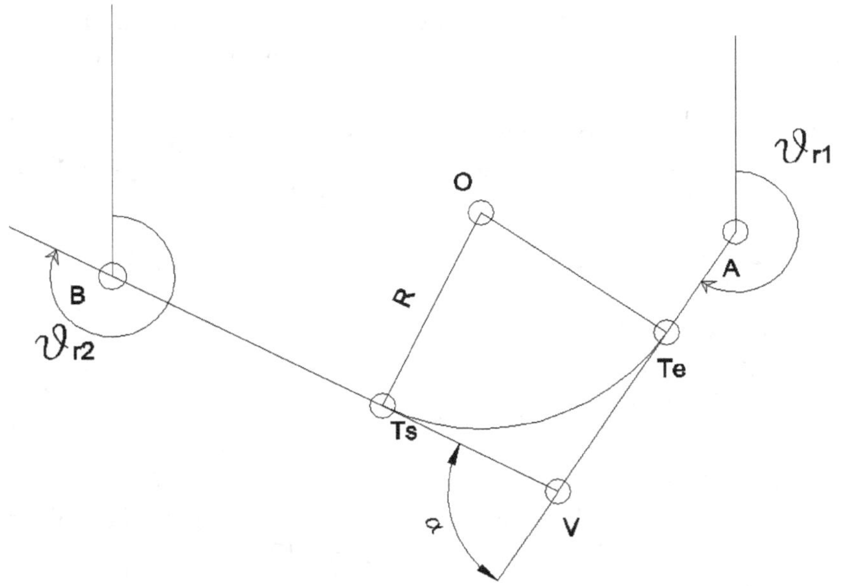


b) Azimut de las alineaciones y ángulo de giro de la curva.
Datos:
P.K.$_A$=5+220;
A= (1300; 2100)
V= (1100; 1800)
B= (600; 2050)

$$\theta_{R1} = \theta_A^V = atctg\left(\frac{x_V - x_A}{y_V - y_A}\right) = atctg\left(\frac{1100 - 1300}{1800 - 2100}\right) = 37.4334^g + 200^g$$
$$= 237.4334^g$$

$$\theta_{R2} = \theta_V^B = atctg\left(\frac{x_B - x_V}{y_B - y_V}\right) = atctg\left(\frac{600 - 1100}{2050 - 1800}\right) = -70.4833^g + 400^g$$
$$= 329.5167^g$$

$$\propto = \theta_{R2} - \theta_{R1} = 329.5167^g - 237.4334^g = 92.0833^g$$
$$\omega = 200^g - \propto = 200^g - 92.0833^g = 107.9167^g$$

c) Radio mínimo R necesario para poder enlazar directamente ambas rectas sin necesidad de clotoides, teniendo en cuenta el tipo de carretera en la que nos encontramos, según 3.1-IC.

Por las características de la carretera vemos que es una C-40, según se desprende de la tabla 7.1 en el apartado 7.3.1. de la 3.1-IC.

Si leemos con atención el punto 4.5., vemos en la página 32 que se nos dice que, en carreteras de tipo 2, si la curva tiene un radio de R=2500m no es preciso disponer clotoides. Luego esa es la respuesta: R=2500m.

En el apartado 4.3.3 tenemos la tabla 4.3 en la que figura el radio mínimo a disponer para una V$_{esp}$ determinada, tenemos R=50m, pero ese es el radio mínimo a disponer, pero hay que incluir clotoides en él.

**Suponiendo que el Director del proyecto nos diga que el radio a emplear es R=130m, calcular:**

d) Coordenadas de los puntos de tangencia a la entrada, a la salida, del centro de la circunferencia y del punto medio, así como los puntos kilométricos en los que se hallan.

El primer paso es calcular T=Te-V=V-Ts, distancia entre V y los puntos de tangencia, así como OV, distancia entre V y el centro del círculo O, y la bisectriz del círculo VM, que será la distancia entre V y el punto medio de la circunferencia:

$$T = R \cdot tg\left(\frac{\propto}{2}\right) = 130m \cdot tg\left(\frac{92.0833^g}{2}\right) = 114.762m$$

$$VO = \frac{R}{cos\left(\frac{\propto}{2}\right)} = \frac{130}{cos\left(\frac{92.0833^g}{2}\right)} = 173.408m$$

$$VM = VO - R = 173.408m - 130m = 43.408m$$

Coordenadas de la tangente de entrada:

$$x_{Te} = x_V + T \cdot sen(\theta_{R1} - 200^g) = 1100 + 114.762 \cdot sen(37.4334^g) = 1163.658m$$
$$y_{Te} = y_V + T \cdot cos(\theta_{R1} - 200^g) = 1800 + 114.762 \cdot cos(37.4334^g) = 1895.487m$$
Así Te= (1163.658; 1895.487)

Coordenadas de la tangente de salida:

$$x_{Ts} = x_V + T \cdot sen(\theta_{R2}) = 1100 + 114.762 \cdot sen(329.5167^g) = 997.354m$$
$$y_{Ts} = y_V + T \cdot cos(\theta_{R2}) = 1800 + 114.762 \cdot cos(329.5167^g) = 1851.323m$$
Así Ts= (997.354; 1851.323)

Coordenadas del centro del círculo:

$$x_0 = x_V + OV \cdot sen\left(\theta_{R2} + \frac{\omega}{2}\right) = 1100 + 173.408 \cdot sen(329.5167^g + 53.9583^g)$$
$$= 1055.492m$$
$$y_0 = y_V + OV \cdot cos\left(\theta_{R2} + \frac{\omega}{2}\right) = 1800 + 173.408 \cdot cos(383.4751^g) = 1967.599m$$
Así O= (1055.492; 1967.599)

Coordenadas del punto medio del círculo:

$$x_M = x_V + VM \cdot sen\left(\theta_{R2} + \frac{\omega}{2}\right) = 1100 + 43.408 \cdot sen(383.4751^g) = 1088.859m$$
$$y_M = y_V + VM \cdot cos\left(\theta_{R2} + \frac{\omega}{2}\right) = 1800 + 43.408 \cdot cos(383.4751^g) = 1841.954m$$
Así O= (1088.859; 1841.954)

P.K.$_A$= 5+220

La distancia A-Te será:
$$D_A^{Te} = \sqrt{(x_{Te} - x_A)^2 + (y_{Te} - y_A)^2}$$
$$= \sqrt{(1163.658 - 1300)^2 + (1895.487 - 2100)^2} = 245.794m$$

Asi, P.K.$_{Te}$= P.K.$_A$+A-Te= 5220+245.794=5+465.794
La longitud recorrida a lo largo del círculo:
$$L = R \cdot \alpha = 130m \cdot 92.0833^g \cdot \frac{\pi}{200^g} = 188.037m$$

Asi, P.K.$_{Ts}$= P.K.$_{Ts}$+L= 5465.794+188.037=5+653.831

La distancia B-Ts será:

$$D_{Ts}^{B} = \sqrt{(x_B - x_{Ts})^2 + (y_B - y_{Ts})^2} = \sqrt{(600 - 997.354)^2 + (2050 - 1851.323)^2}$$
$$= 444.256m$$

Asi, P.K.$_B$= P.K.$_{Ts}$+B-Ts= 5653.831+444.256=6+098.087

e) Ángulo girado en la curva y coordenadas del punto del eje en el P.K. 5+500.

El ángulo girado hasta 5+500 es:
$$\gamma = \frac{l}{R} = \frac{5500 - 5465.794}{130} = 0.26312rad = 16.7509^g$$

Y con ello puedo calcular:
$$x_{5+500} = x_0 + R \cdot sen(\theta_{R1} - 100^g + \gamma) = 1055.492 + 130 \cdot sen(154.1843^g)$$
$$= 1141.180m$$
$$y_{5+500} = y_0 + R \cdot cos(\theta_{R1} - 100^g + \gamma) = 1967.599 + 130 \cdot cos(154.1843^g)$$
$$= 1869.836m$$

Así PK$_{5+500}$= (1141.1796 ; 1869.8360)

# 7.- TRAZADO EN PLANTA 3: CLOTOIDES.

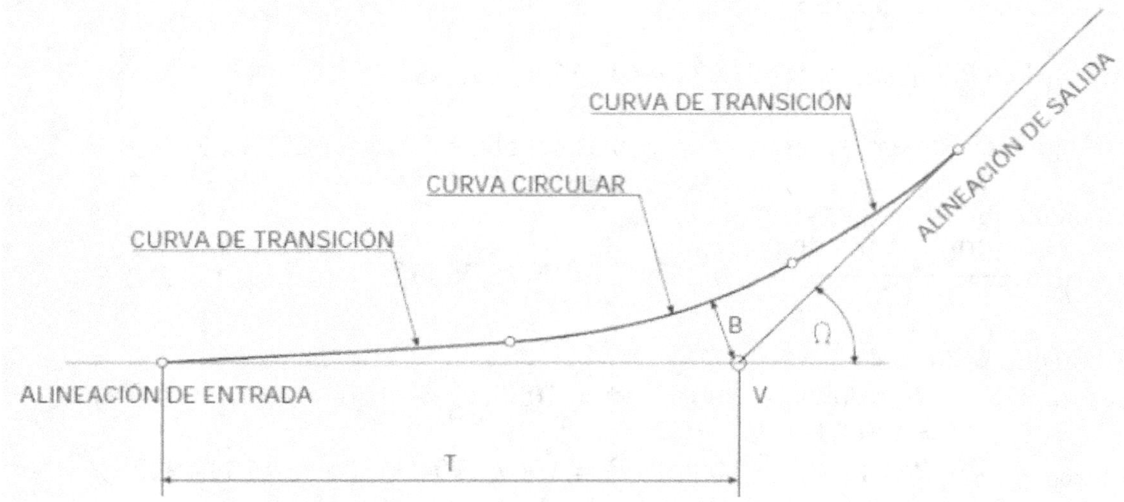


Ya hemos avanzado en capítulos anteriores la existencia de estos elementos de enlace entre rectas y círculos de tan poco agraciado nombre. Las clotoides son unas espirales logarítmicas de muy compleja formulación matemática que sin embargo corresponden a un concepto muy simple. Son las curvas cuya característica fundamental es que tienen una variación de la curvatura constante, es decir, que su curvatura va variando linealmente conforme la recorremos. Comenzamos desde la recta con una curvatura cero y un radio de curvatura infinito, y llegamos a la circunferencia con un radio de curvatura R y una curvatura 1/R. Para hacer esa transición de curvaturas hemos recorrido una distancia L. Así un punto intermedio en el que hayamos recorrido una distancia l tendrá un radio de curvatura r y una curvatura 1/r, de manera que por proporcionalidad:

$$\frac{L}{1/R} = \frac{l}{1/r} = constante$$

A esa constante le llamamos $A^2$. A "A" le llamamos el parámetro de la clotoide. Observamos que una clotoide sólo depende de una variable, fijada una variable, todo el resto de características ya van ligadas entre sí. La fórmula anterior la podemos expresar de forma más sencilla así:

$$R \cdot L = A^2$$

Que es la manera clásica de expresar la ecuación de la clotoide. Decíamos antes que esta curva tenía una formulación muy complicada. Evidentemente esa fórmula no es muy complicada, pero si lo que intentamos es obtener coordenadas (x, y) de los puntos de la clotoide entonces sí que comienzan las complicaciones.

De momento imaginemos que disponemos de un programa informático que nos resuelve ese engorro. Vamos a centrarnos en las características que deben tener las clotoides que use en mi carretera, y luego a posteriori ya nos adentraremos en las formulaciones matemáticas. Como siempre, vamos a analizar la 3.1-I.C., en este caso con la ayuda de

                                    *Luis Neira Tovar*

los apuntes de la asignatura de Caminos y Aeropuertos de la Escuela T.S.I.C.C. y P. de la U.P.V. de Valencia.

En primer lugar, descartaremos el uso de clotoides en los casos en los que la norma nos permite la conexión directa de círculos y rectas. Ya vimos en qué condiciones se podía realizar esto en el apartado de las circunferencias, pero no está de más repetirlo aquí:

- Cuando el ángulo entre rectas es muy pequeño, de $2 \leq \Omega \leq 6^g$.
- Cuando el radio de la circunferencia es de:
  - En carreteras de tipo 1 (AP, AV y C-100): R≥5000m
  - En carreteras de tipo 2 (C-80, C-60 y C-40): R≥2500m

Tampoco usaremos clotoides normalmente cuando estemos realizando proyectos de urbanización.

Para el resto de casos, siempre hemos de emplear clotoides.

Las clotoides siempre unirán círculos y rectas. También nos podemos plantear unir 2 círculos consecutivos del mismo sentido de giro por medio de una clotoide. Lo que la 3.1-I.C. prohíbe son las clotoides en punta, es decir, los casos en los que se unen 2 clotoides para formar una curva sin curva circular intermedia. Otro aspecto a tener en cuenta es que recomendamos siempre realizar las curvas con clotoides simétricas, para simplificar la geometría de los acuerdos.

La norma nos plantea los valores mínimos y máximos de los parámetros A de las clotoides de una manera fraccionada y farragosa. Plantea que se deben cumplir todas las siguientes condiciones a la vez (hay que coger el mayor de los valores que figuran mínimos por los diferentes motivos):
- Limitación de la variación de la aceleración centrífuga en el plano horizontal.

$$A_{min} = \sqrt{2.725 \frac{V_e \cdot f_t \cdot R}{J}}$$

Donde:
- o Ve: velocidad específica de la curva de radio menor (km/h)
- o $f_t$ factor de rozamiento transversal cuyos valores tabulados ya vimos en el apartado de curva circular.
- o R: radio de la curva menor, en m.
- o J: variación de la aceleración centrífuga a considerar, en $m/s^3$. Tomaremos los valores de la siguiente tabla:

| Ve (km/h) | Ve<80 | 80≤Ve<100 | 100≤Ve<120 | 120≤Ve |
|---|---|---|---|---|
| J ($m/s^3$) | 0,5 | 0,4 | 0,4 | 0,4 |

- Limitación de la variación de la pendiente transversal.
  - o Se limitará a un máximo de una variación de 4% por segundo recorrido a la velocidad específica de la curva de radio menor. Eso traducido a expresión matemática queda:

$$A_{min} = \sqrt{\frac{V_e \cdot p \cdot R}{14.4}}$$

Donde:

- o  p es el peralte en %. Los otros términos coinciden con los de la fórmula anterior.

- Por percepción visual, la variación de azimut entre los extremos de la clotoide debe ser $\geq 1/18$ radianes. Eso se traduce en:

$$A_{min} = \frac{R}{3}$$

- Por percepción visual, el retranqueo debe ser al menos de 50cm.
  - o  El concepto de retranqueo (que denotamos como $\Delta R$), del que todavía no hemos hablado, es la distancia que hay entre la recta de entrada a la clotoide y la circunferencia a la que se enlaza. La distancia entre el centro de esa circunferencia y la recta de entrada será $=R+\Delta R$.
  - o  La limitación anterior se traduce en:

$$A_{min} = (12 \cdot R^3)^{1/4}$$

  - o  Por percepción visual, se recomienda que la variación de azimut entre los extremos de la clotoide sea mayor a 1/5 del ángulo total girado entre ambas rectas $\alpha$. Lo cual nos lleva a:

$$A_{min} = R \cdot \sqrt{\frac{\pi \cdot \alpha}{500}}$$

- Limitación del parámetro máximo de la clotoide:
  - o  Se nos pide que la longitud máxima de la clotoide no sea mayor que 1.5 veces la mínima, lo que es lo mismo que decir:

$$A_{max} = \sqrt{1.5} A_{min}$$

La idea general que tiene la norma es que cada vez que haya que diseñar una curva, hay que hacerse estos 5 cálculos, tomar el mayor de los mínimos, y luego tomar un valor de A que no supere el $A_{max}$ a partir del $A_{min}$ adoptado.

Pero la idea de la norma es muy poco práctica. Lo práctico es calcularse en general todos los casos posibles en una hoja de cálculo, y ver para cada valor de R cuál es el valor de $A_{min}$, teniendo en cuenta que ese valor de R tiene asociado un valor de $V_e$ y de p. Nosotros tomamos prestado de Conesa, García et al. unas valiosas tablas resumen que nos servirán para determinar esos $A_{min}$. En las tablas tenemos indicación de cuál de los criterios es el que nos limita en cada caso.

- (1) Es el de la limitación de la variación de la aceleración centrífuga.
- (2) Es el de la limitación de la variación de la pendiente transversal.
- (3) Es el de la percepción visual de los 1/18 radianes girados en la clotoide.

- (4) Es el del retranqueo de al menos 50cm.

Se aprecia que el criterio nº2 no sirve para nada porque los otros son más restrictivos. Además, prescindimos del criterio de 1/5 de α, por no ser un criterio obligatorio sino una recomendación, y por introducir una nueva variable que hace inabordable el estudio en conjunto. Aún así, introducimos el ángulo girado en la clotoide, que obtenemos a partir de R y de A, ya que:

$$\tau = 0.5 \cdot \frac{L}{R} = 0.5 \cdot \left(\frac{L}{A}\right)^2 = 0.5 \cdot \left(\frac{A}{R}\right)^2$$

Podemos comparar ese $\tau$ con α/5 y ver si se cumple que $\tau > α/5$.

| GRUPO 1 | | | | |
|---|---|---|---|---|
| R | V | A | CRITERIO | Tau (gonios) |
| 250 | 80 | 130 | 1 | 8,607 |
| 350 | 90 | 151 | 4 | 5,925 |
| 450 | 100 | 182 | 4 | 5,207 |
| 550 | 110 | 211 | 4 | 4,685 |
| 700 | 120 | 253 | 4 | 4,158 |
| 900 | 130 | 306 | 4 | 3,68 |
| 1250 | 140 | 417 | 3 | 3,542 |
| 1725 | 150 | 575 | 3 | 3,537 |
| 2385 | - | 795 | 3 | 3,537 |
| 3330 | - | 1110 | 3 | 3,537 |
| 5000 | - | 1666 | 3 | 3,534 |

| GRUPO 2 | | | | |
|---|---|---|---|---|
| R | V | A | CRITERIO | Tau (gonios) |
| 50 | 40 | 45 | 1 | 25,783 |
| 85 | 50 | 61 | 1 | 16,394 |
| 130 | 60 | 80 | 1 | 12,054 |
| 190 | 70 | 98 | 1 | 8,468 |
| 265 | 80 | 132 | 1 | 7,898 |
| 350 | 90 | 155 | 1 | 6,243 |
| 485 | 110 | 192 | 4 | 4,988 |
| 670 | 110 | 245 | 4 | 4,256 |
| 910 | - | 308 | 4 | 3,646 |
| 1225 | - | 408 | 4 | 3,531 |
| 1630 | - | 543 | 4 | 3,532 |
| 2170 | - | 725 | 4 | 3,553 |
| 2500 | - | 833 | 4 | 3,534 |

En caso de que el radio de nuestra curva no esté en la tabla, podemos ver para los valores más cercanos cuál es el criterio a emplear, y calcular solamente el mínimo por un criterio.

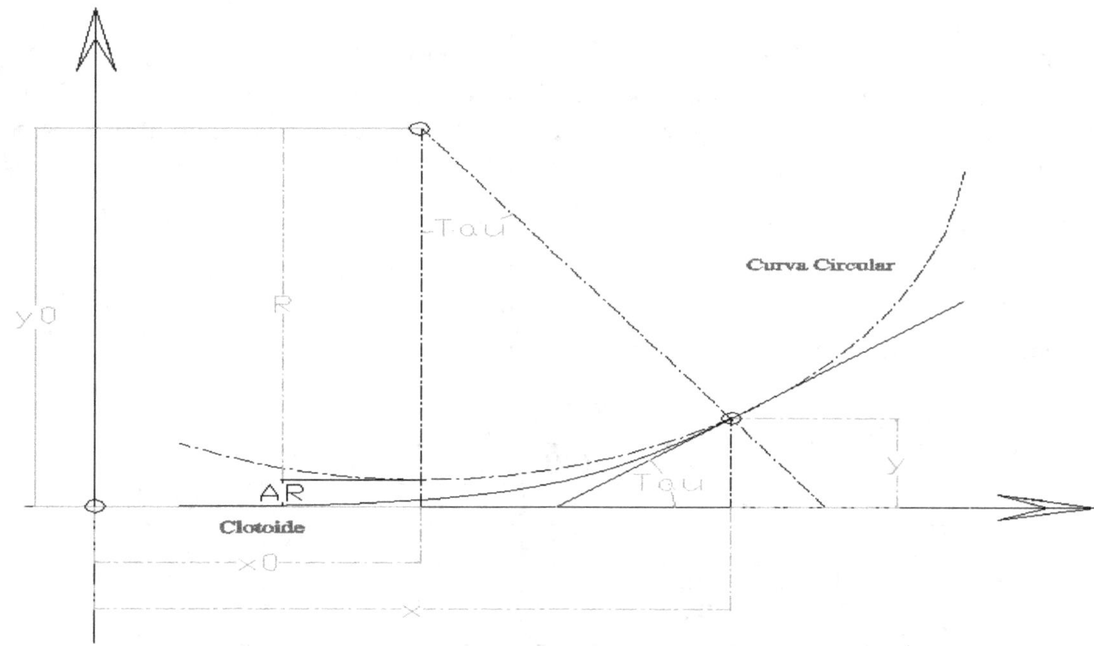



En cuanto a la formulación de las clotoides, es un tema a abordar en 2 escalones. En primer lugar, hay que conocer las fórmulas que nos proporcionan los valores de las distintas características de la clotoide. En segundo lugar, nos plantearemos cómo calcular una curva en la que tenemos clotoides simétricas de transición entre las rectas y la circunferencia.

Ya hemos ido deslizando a lo largo del apartado unas cuantas fórmulas básicas de la clotoide, en función del gráfico con el sistema de coordenadas locales establecido. Son estas dos:

$$R \cdot L = A^2$$

$$\tau = 0.5 \cdot \frac{L}{R} = 0.5 \cdot \left(\frac{L}{A}\right)^2 = 0.5 \cdot \left(\frac{A}{R}\right)^2$$

Pero queda determinar toda una serie de parámetros. Todas esas fórmulas que a continuación exponemos tienen una compleja demostración que no vamos a tratar:

$$\frac{x}{R} = \sum_{n=1}^{\infty} 2 \frac{(-1)^{n+1} \cdot \tau^{2n-1}}{(4n-3) \cdot (2n-2)!}$$

$$\frac{y}{R} = \sum_{n=1}^{\infty} 2 \frac{(-1)^{n+1} \cdot \tau^{2n}}{(4n-1) \cdot (2n-1)!}$$

$$\frac{x}{A} = \sqrt{2 \cdot \tau} \cdot \sum_{n=1}^{\infty} \frac{(-1)^{n+1} \cdot \tau^{2n-2}}{(4n-3) \cdot (2n-2)!}$$

$$\frac{y}{A} = \sqrt{2 \cdot \tau} \cdot \sum_{n=1}^{\infty} \frac{(-1)^{n+1} \cdot \tau^{2n-1}}{(4n-1) \cdot (2n-1)!}$$

$$x_0 = x - R \cdot sen(\tau)$$

$$y_0 = y + R \cdot cos(\tau)$$
$$\Delta R = y + R \cdot (cos(\tau) - 1)$$

$$\frac{x_0}{A} = \frac{x}{A} - \sqrt{\frac{1}{2\tau}} \cdot sen(\tau)$$

$$\frac{y_0}{A} = \frac{y}{A} + \sqrt{\frac{1}{2\tau}} \cdot cos(\tau)$$

$$\frac{\Delta R}{A} = \frac{y}{A} + \sqrt{\frac{1}{2\tau}} \cdot (cos(\tau) - 1)$$

¿Qué quieren decir los símbolos matemáticos anteriores?

$\tau$ : es el ángulo girado, en radianes.
$\sum_{n=1}^{n=\infty}$ : es el símbolo del sumatorio, que significa que la función es una suma de infinitos números, y que cada número se obtiene dándole valores a n en la fórmula, n=1, n=2, etc.
9!: Ese signo de admiración es el factorial. El factorial de un número significa que hemos de multiplicar ese número por el número menos uno, por el número menos dos, etc., hasta llegar a 1. Así, por ejemplo: $9!=9\cdot8\cdot7\cdot6\cdot5\cdot4\cdot3\cdot2\cdot1= 362880$.

Desarrollos en serie de las ecuaciones de la clotoide:
A continuación escribimos los 5 primeros términos de los distintos desarrollos en serie; para valores del ángulo girado pequeños y medianos, 5 términos son suficientes para una buena precisión.

Valores en relación a A:

$$\frac{x}{A} = \sqrt{2 \cdot \tau} \cdot \left(1 - \frac{\tau^2}{5 \cdot 2!} + \frac{\tau^4}{9 \cdot 4!} - \frac{\tau^6}{13 \cdot 6!} + \frac{\tau^8}{17 \cdot 8!} - \cdots \right)$$

$$\frac{y}{A} = \sqrt{2 \cdot \tau} \cdot \tau \cdot \left(\frac{1}{3} - \frac{\tau^2}{7 \cdot 3!} + \frac{\tau^4}{11 \cdot 5!} - \frac{\tau^6}{15 \cdot 7!} + \frac{\tau^8}{19 \cdot 9!} - \cdots \right)$$

$$\frac{x_0}{A} = \sqrt{\frac{\tau}{2}} \cdot \left(1 - \frac{\tau^2}{5 \cdot 3!} + \frac{\tau^4}{9 \cdot 5!} - \frac{\tau^6}{13 \cdot 7!} + \frac{\tau^8}{17 \cdot 9!} - \cdots \right)$$

$$\frac{y_0}{A} = \frac{1}{\sqrt{2 \cdot \tau}} \cdot \left(1 - \frac{\tau^2}{3 \cdot 2!} + \frac{\tau^4}{7 \cdot 4!} - \frac{\tau^6}{11 \cdot 6!} + \frac{\tau^8}{15 \cdot 8!} - \cdots \right)$$

$$\frac{\Delta R}{A} = \sqrt{\frac{\tau}{2}} \cdot \tau \cdot \left(\frac{1}{3 \cdot 2!} - \frac{\tau^2}{7 \cdot 4!} + \frac{\tau^4}{11 \cdot 6!} - \frac{\tau^6}{15 \cdot 8!} + \frac{\tau^8}{19 \cdot 10!} - \cdots \right)$$

Valores en relación a R:

$$\frac{x}{R} = 2 \cdot \tau \cdot \left(1 - \frac{\tau^2}{5 \cdot 2!} + \frac{\tau^4}{9 \cdot 4!} - \frac{\tau^6}{13 \cdot 6!} + \frac{\tau^8}{17 \cdot 8!} - \cdots \right)$$

$$\frac{y}{R} = 2 \cdot \tau^2 \cdot \left(\frac{1}{3} - \frac{\tau^2}{7 \cdot 3!} + \frac{\tau^4}{11 \cdot 5!} - \frac{\tau^6}{15 \cdot 7!} + \frac{\tau^8}{19 \cdot 9!} - \cdots \right)$$

$$\frac{x_0}{R} = \tau \cdot \left(1 - \frac{\tau^2}{5 \cdot 3!} + \frac{\tau^4}{9 \cdot 5!} - \frac{\tau^6}{13 \cdot 7!} + \frac{\tau^8}{17 \cdot 9!} - \cdots\right)$$

$$\frac{y_0}{R} = \left(1 - \frac{\tau^2}{3 \cdot 2!} + \frac{\tau^4}{7 \cdot 4!} - \frac{\tau^6}{11 \cdot 6!} + \frac{\tau^8}{15 \cdot 8!} - \cdots\right)$$

$$\frac{\Delta R}{R} = \tau^2 \cdot \left(\frac{1}{3 \cdot 2!} - \frac{\tau^2}{7 \cdot 4!} + \frac{\tau^4}{11 \cdot 6!} - \frac{\tau^6}{15 \cdot 8!} + \frac{\tau^8}{19 \cdot 10!} - \cdots\right)$$

Para desarrollar el cálculo integrado de la curva compuesta por una circunferencia con clotoides simétricas, en lugar de seguir hablando desde un plano teórico, vamos a desarrollarlo por medio del siguiente ejercicio:

### *Ejercicio:*

Sea el eje de la carretera definido por la recta R1, que pasa por el punto A= (325; 226.5477) y azimut $\theta_1$=126$^g$, siendo el P.K. del punto A P.K.$_A$= 2+012.523, y la recta R2, que pasa por B= (1120; 200) y C= (1320; 563,7986). Enlazamos ambas alineaciones por medio de una curva circular de radio R=700m a izquierdas con clotoides simétricas de 80m de longitud cada una. Se pide:

a) Realizar un croquis de la posición de las rectas, y de todos los puntos singulares

b) Calcular el azimut de la recta R2.

c) Calcular el vértice de intersección de ambas alineaciones y los ángulos interior y exterior entre ambas alineaciones.

d) Calcular el parámetro de las clotoides y el ángulo girado en cada una de ellas.

e) Calcular el ángulo girado en el arco de círculo y la longitud total de la curva.

f) Calcular las coordenadas **relativas** del punto de tangencia de la clotoide y del centro del círculo, y el retranqueo.

g) Calcular las coordenadas absolutas de los puntos de tangencia de entrada y salida de la curva.

h) Calcular las coordenadas absolutas del centro del círculo.

i) Calcular las coordenadas absolutas de las tangentes de entrada y de salida del círculo.

j) Calcular los PK de los puntos de tangencia de los apartados "g" e "i" anteriores.

k) Calcular las coordenadas absolutas del punto del eje de P.K.2+100.

l) Calcular las coordenadas absolutas del punto del eje de P.K.3+000.

m)¿Cuál sería el radio mínimo de la curva y su peralte si el eje corresponde a una carretera convencional de 60km/h?

*n)* ¿Cuál sería la anchura de los carriles y el valor del bombeo en recta en el caso anterior?

### Solución:

a)      Realizar un croquis de la posición de las rectas, y de todos los puntos singulares

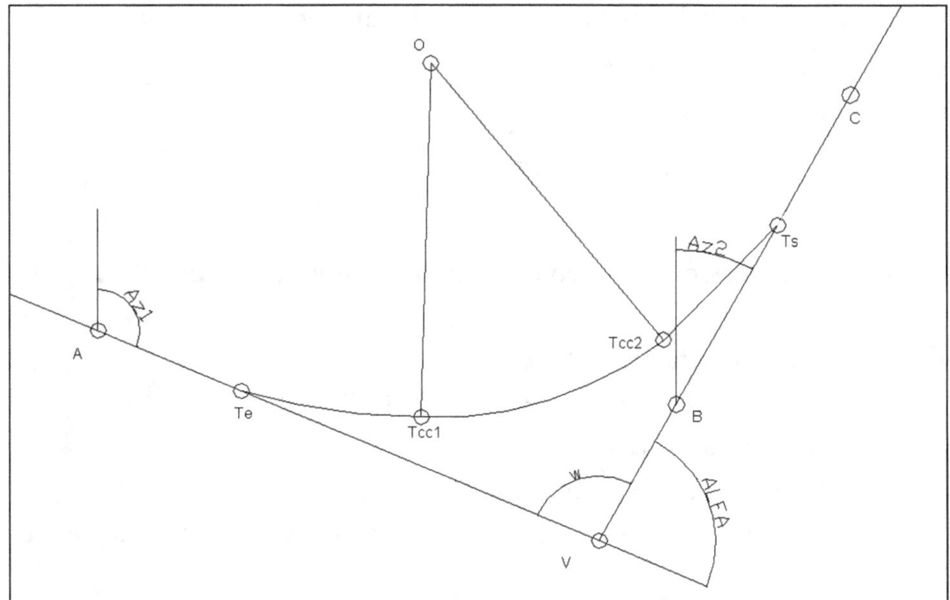


b)      Calcular el azimut de la recta R2.

$$\theta_{R2} = arctg\left(\frac{x_C - x_B}{y_C - y_B}\right) = arctg\left(\frac{1320 - 1120}{563.7986 - 200}\right) = 32^g$$

c)      Calcular el vértice de intersección de ambas alineaciones y los ángulos interior y exterior entre ambas alineaciones.

Los ángulos son:

$\alpha = \theta_{R1} - \theta_{R2} = 126^g - 32^g = 94^g$

$\omega = 200^g - \alpha = 106^g$

Escribimos las ecuaciones de las dos rectas R1 y R2:

$R1 \equiv x = x_A + tg(\theta_{R1}) \cdot (y - y_A)$

$R2 \equiv x = x_B + tg(\theta_{R2}) \cdot (y - y_B)$

La intersección de ambas es el punto V. Resolviendo el sistema de ecuaciones:

$$y_V = \frac{x_B - x_A + y_A \cdot \text{tg}\,\theta_{R1} - y_B \cdot \text{tg}\,\theta_{R2}}{\text{tg}\,\theta_{R1} - \text{tg}\,\theta_{R2}}$$

$$= \frac{1120 - 325 + 226.5477 \cdot tg126^g - 200 \cdot tg32^g}{tg126^g - tg32^g}$$

$y_V = -56.4662m$

Sustituyendo en la recta R1:

$$x_V = x_A + tg(\theta_{R1}) \cdot (y_V - y_A) = 325 + tg126^g(-56.4662 - 226.5477)$$

$$= 979.0065m$$

Así V= (979.0065; -56.4662)

d)      Calcular el parámetro de las clotoides y el ángulo girado en cada una de ellas

La ecuación fundamental de la clotoide es: $A^2$=R·L. Sustituyendo y despejando:

$$A = \sqrt{R \cdot L} = \sqrt{700 \cdot 80} = 236.643m$$

El ángulo girado en la clotoide será:

$$\tau = \frac{L}{2 \cdot R} = \frac{80}{2 \cdot 700} = 0.05714 \, rad = 3.6378^g$$

e)      Calcular el ángulo girado en el arco de círculo y la longitud total de la curva

El ángulo girado en el círculo será clotoide será:

$$\beta = \alpha - 2 \cdot \tau = 94^g - 2 \cdot 3.6378^g = 86.7244^g = 1.3623 rad$$

La longitud recorrida a lo largo del círculo:

$$L = R \cdot \beta = 700m \cdot 1.3623 rad = 953.9846m$$

La longitud recorrida a lo largo de la curva será la suma de la de las clotoides y la del círculo:

$L_{curva}$=2·80m+953.9846m=1113.9846m.

f)      Calcular las coordenadas **relativas** del punto de tangencia de la clotoide y del centro del círculo, y el retranqueo.

Usaremos las fórmulas de la clotoide, usando tres términos del desarrollo en serie, para el valor de tau antes calculado:

$$\frac{x}{A} = \sqrt{2 \cdot \tau} \cdot \left(1 - \frac{\tau^2}{10} + \frac{\tau^4}{216} \, ...\right) = 0.337951; \qquad x=0.337951 \cdot A=79.9738m$$

$$\frac{y}{A} = \sqrt{2 \cdot \tau} \cdot \tau \cdot \left(\frac{1}{3} - \frac{\tau^2}{42} + \frac{\tau^4}{1320} \, ...\right) = 0.00643; \qquad y=0.00643 \cdot A=1.5234m$$

A partir de las anteriores, las del centro del círculo son:

$$x_0 = x - R \cdot sen(\tau) = 79.9738 - 700 \cdot sen(3.6378) = 39.9956m$$

$$y_0 = y + R \cdot cos(\tau) = 1.5234 + 700 \cdot cos(3.6378) = 700.3809m$$

El retranqueo será:

$$\Delta R = y_0 - R = 0.3809m$$

Recordemos que lo que hemos calculado son coordenadas relativas, y que luego las vamos a utilizar para el cálculo de las coordenadas absolutas.

g)      Calcular las coordenadas absolutas de los puntos de tangencia de entrada y salida de la curva.

Previamente hemos de calcular el valor de la distancia V-Te, al que llamamos T.

$$T = x_0 + y_0 \cdot tg\left(\frac{\alpha}{2}\right) = 39.9956 + 700.3809 \cdot tg\left(\frac{94}{2}\right) = 677.2932m$$

$$OV = y_0/cos\left(\frac{\alpha}{2}\right) = 700.3809/cos\left(\frac{94}{2}\right) = 946.9328m$$

Así, hallar las coordenadas de los puntos de tangencia Te y Ts, así como las del centro del círculo, será simplemente realizar una radiación desde el punto V.

Coordenadas de la tangente de entrada:

$$x_{Te} = x_V + T \cdot sen(\theta_{R1} + 200^g) = 979.0065 + 677.2932 \cdot sen(326^g)$$
$$= 357.4175m$$
$$y_{Te} = y_V + T \cdot cos(\theta_{R1} + 200^g) = -56.4662 + 677.2932 \cdot cos(326^g)$$
$$= 212.5194m$$

Así Te= (357.4175; 212.5194)

Coordenadas de la tangente de salida:

$$x_{Ts} = x_V + T \cdot sen(\theta_{R2}) = 979.0065 + 677.2932 \cdot sen(32^g) = 1305.295m$$
$$y_{Ts} = y_V + T \cdot cos(\theta_{R2}) = -56.4662 + 677.2932 \cdot cos(32^g) = 537.0504m$$

Así Ts= (1305.2950; 537.0504)

h)      Calcular las coordenadas absolutas del centro del círculo.

Coordenadas del centro del círculo:

$$x_0 = x_V + OV \cdot sen\left(\theta_{R2} - \frac{\omega}{2}\right) = 979.0065 + 946.9328 \cdot sen(32^g - 53^g)$$
$$= 672.2785m$$
$$y_0 = y_V + OV \cdot cos\left(\theta_{R2} - \frac{\omega}{2}\right) = -56.4662 + 946.9328 \cdot cos(379^g) = 839.413m$$

Así O= (672.2785; 839.4130)

i)      Calcular las coordenadas absolutas de las tangentes de entrada y de salida del círculo.

En esta ocasión el cálculo será a partir del centro del círculo O, con distancia igual al radio de la circunferencia R=700m, y el azimut que corresponda:

La tangencia de entrada en la circunferencia:

$$x_{Tcc1} = x_0 + R \cdot sen(\theta_{R2} + 100^g + \tau + \beta) = 672.2785 + 700 \cdot sen(222.3622^g)$$
$$= 431.4190m$$
$$y_{Tcc1} = y_0 + R \cdot cos(\theta_{R2} + 100^g + \tau + \beta) = 839.4130 + 700 \cdot cos(222.3622^g)$$
$$= 182.1561m$$

Así $T_{cc1}$= (431.4190; 182.1561)

La tangencia de salida de la circunferencia:

$$x_{Tcc2} = x_0 + R \cdot sen(\theta_{R2} + 100^g + \tau) = 672.2785 + 700 \cdot sen(135.6378^g)$$
$$= 1265.4323m$$
$$y_{Tcc2} = y_0 + R \cdot cos(\theta_{R2} + 100^g + \tau) = 839.4130 + 700 \cdot cos(135.6378^g)$$
$$= 467.7027m$$

Así $T_{cc2}$= (1265.4323; 467.7027)

j)      Calcular los PK de los puntos de tangencia de los apartados "g" e "i" anteriores.

P.K.$_A$= 2+012.523

La distancia A-Te será:

$$D_A^{Te} = \sqrt{(x_{Te} - x_A)^2 + (y_{Te} - y_A)^2}$$
$$= \sqrt{(357.4175 - 325)^2 + (212.5194 - 226.5477)^2} = 35.3282m$$

Asi, P.K.$_{Te}$= P.K.$_A$+A-Te= 2012.523+35.3282=2+047.8512

P.K.$_{Tcc1}$= P.K$_{Te}$+L$_{clotoide}$=2047.8512+80=2+127.8512

P.K.$_{Tcc2}$= P.K$_{Tcc1}$+L$_{circunferencia}$=2127.8512+953.9846m=3+081.8358

P.K.$_{Ts}$= P.K$_{Tcc2}$+L$_{clotoide}$=3081.8358+80=3+161.8358

k)      Calcular las coordenadas absolutas del punto del eje de P.K.2+100.

Vemos que dicho punto está en la primera clotoide, a una distancia de:
l=2100-2047.8512=52.1488m del inicio de la clotoide. Por lo tanto, al llegar a ese punto
se ha girado un ángulo ε:

$$\varepsilon = \frac{1}{2} \cdot \left(\frac{l}{A}\right)^2 = 0.5 \cdot \left(\frac{52.1488}{236.643}\right)^2 = 0.02428rad = 1.5458^g$$

Calculo los valores de x e y de dicho punto en coordenadas relativas:

$$\frac{x}{A} = \sqrt{2 \cdot \varepsilon} \cdot \left(1 - \frac{\varepsilon^2}{10} + \frac{\varepsilon^4}{216} \ldots \right) = 0.22035; \qquad x = 0.22035 \cdot A = 52.1457m$$
$$\frac{y}{A} = \sqrt{2 \cdot \varepsilon} \cdot \varepsilon \cdot \left(\frac{1}{3} - \frac{\varepsilon^2}{42} + \frac{\varepsilon^4}{1320} \ldots \right) = 0.00178; \qquad y = 0.00178 \cdot A = 0.4221m$$

Calculo a continuación el ángulo y distancia en relativas que hay entre la tangente de
entrada y ese punto:

$$D_{2+100}^{Te} = \sqrt{(x)^2 + (y)^2} = \sqrt{(52.1457)^2 + (0.4221)^2} = 52.147$$

Ángulo entre Te y 2+100:

$$\mu = arctg\left(\frac{y}{x}\right) = arctg\left(\frac{0.4221}{52.1457}\right) = 0.5153^g$$

Así, obtengo las coordenadas por radiación desde Te:

$$x_{2+100} = x_{Te} + D_{2+100}^{Te} \cdot sen(\theta_{R1} - \mu) = 357.4175 + 52.147 \cdot sen(126^g - 0.5153^g)$$
$$= 405.4421m$$
$$y_{2+100} = y_{Te} + D_{2+100}^{Te} \cdot cos(\theta_{R1} - \mu) = 212.5194 + 52.147 \cdot cos(125.4847^g)$$
$$= 192.1972m$$

Así PK$_{2+100}$= (405.4421; 192.1972)

l)      Calcular las coordenadas absolutas del punto del eje de P.K.3+000.

Vemos que ese punto está entre Tcc1 y Tcc2, es decir, está en el tramo de curva
circular. Obtendremos las coordenadas por radiación desde el centro O, con distancia
R=700m, pero para ello primero tengo que calcular el ángulo que hemos girado a lo
largo de la circunferencia hasta el 3+000 y qué azimut tiene la visual O-3+000.
El ángulo girado es:

$$\gamma = \frac{l}{R} = \frac{3000 - 2127.8512}{700} = 1.2459rad = 79.3182^g$$

Y con ello puedo calcular:

$$x_{3+000} = x_0 + R \cdot sen(\theta_{R1} + 100^g - \tau - \gamma) = 672.2785 + 700 \cdot sen(143.0440^g)$$
$$= 1218.2772m$$

$$y_{3+000} = y_0 + R \cdot cos(\theta_{R1} + 100^g - \tau - \gamma) = 839.4130 + 700 \cdot cos(143.0440^g)$$
$$= 401.3656m$$

Así $PK_{3+000}$= (1218.2772; 401.3656)

m)      ¿Cuál sería el radio mínimo de la curva y su peralte si el eje corresponde a una carretera convencional de 60km/h?

Según la tabla 4.4 de la 3.1-IC el radio mínimo es de 130m y le corresponde un peralte de 7%.

*n)*      ¿Cuál sería la anchura de los carriles y el valor del bombeo en recta en el caso anterior?

La anchura de los carriles, según la tabla 7.1. de la 3.1-IC, es de 3.5m. En las curvas, de radio <250m, hay que tener en cuenta el sobreancho, pero nuestra curva es de radio mayor, por lo que no se ha de dar ese sobreancho.

El bombeo es la pendiente transversal en recta, que es del 2% hacia el exterior en carreteras de dos carriles (uno por sentido).

Con esto se acaba el ejercicio, y pasamos al trazado en alzado.

# 8.- TRAZADO EN ALZADO 1: RECTAS.

Una vez realizado el trazado en planta, diseñamos el trazado en alzado. En primer lugar hacemos el perfil longitudinal del terreno, que será la representación del corte del terreno natural por el eje en planta.

Hay que realizar un trazado en alzado que se adapte a dicho terreno natural pero que mantenga unas pendientes aceptables para la circulación del tráfico.

El perfil longitudinal de la carretera será la sucesión de alineaciones que definen el eje en alzado. Tendremos rectas ascendentes y descendentes, y curvas de transición que nos unirán ambas. En este caso se emplean parábolas para unir las rectas entre sí.

Comenzaremos definiendo varios conceptos básicos:

La **rasante** es la línea del eje en alzado de una carretera que tendrá una inclinación respecto del plano horizontal. La rasante diremos que es una **rampa**, cuando la inclinación sea ascendente en el sentido de avance. La rasante diremos que es una **pendiente** cuando la inclinación sea descendente en el sentido de avance. El término rasante se aplica indistintamente a una alineación recta en alzado, ya sea ascendente o descendente, o bien al conjunto de alineaciones en alzado de un tramo de carretera. La **traza** es la proyección de la rasante sobre la superficie irregular que forma el terreno donde se quiere emplazar el vial, es decir, el eje en planta.

La 31.-I.C. nos indica las inclinaciones máximas y mínimas de las rasantes en rampa o pendiente para los distintos tipos de carreteras.

| CARRETERAS DE CALZADAS SEPARADAS | | |
|---|---|---|
| $V_p$ (km/h) | Rampa (%) | Pendiente (%) |
| 80 | 5 | 6 |
| 100 | 4 | 5 |
| 120 | 4 | 5 |
| *Si las 2 calzadas están al mismo nivel, se tomará como máximo el de las rampas.* | | |
| *En casos especiales esos valores pueden aumentar un 1%* | | |

| CARRETERAS CONVENCIONALES | | |
|---|---|---|
| $V_p$ (km/h) | Inclinación Máxima (%) | Inclinación Excepcional (%) |
| 40 | 7 | 10 |
| 60 | 6 | 8 |
| 80 | 5 | 7 |
| 100 | 4 | 5 |
| *Esos valores pueden aumentar un 1% en terreno muy accidentado o de IMD<3000.* | | |

Además de los criterios de inclinación anteriores, hemos de tener en cuenta que **no permitiremos rampas ni pendientes que tengan la inclinación máxima y una longitud mayor de 3.000 m.**

En cuanto a las **inclinaciones mínimas** de las rasantes:
- Normal: **0,5%**
- Excepcional: 0,2% (pero asegurando que la inclinación línea máxima pendiente ≥ 0,5%)

Otra limitación es que la distancia entre vértices consecutivos no será inferior a 10 segundos recorridos a la velocidad de proyecto (salvo justificación en contrario). Eso significa que 2 vértices $V_1$ y $V_2$ deben estar separados al menos: $PK_{V2}-PK_{V1}\geq 2.78\cdot V_P$. Lo recogemos en la siguiente tabla:

| $V_P$ (km/h) | 40 | 60 | 80 | 100 | 120 |
|---|---|---|---|---|---|
| **Distancia mínima entre vértices consecutivos (m)** | 111 | 167 | 222 | 278 | 333 |

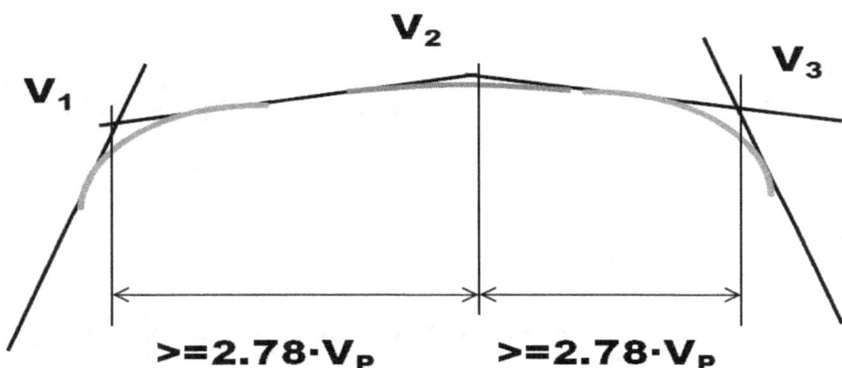


La ecuación de la recta en alzado es muy semejante a la de la recta en planta. Normalmente trabajaremos con la ecuación teniendo como datos un punto A ($PK_A$, $Z_A$) y una pendiente $i_1$ en tanto por uno. La ecuación de una recta $r_1$ queda así:

$$z = z_A + i_1 \cdot (PK - PK_A)$$

Así, si tenemos una recta r1 en rampa, un punto P de $PK_P$ tendrá por cota $z_P=z_A+i_1(PK_P-PK_A)$. Si fuera una pendiente, la fórmula sería la misma, pero el valor de $i_1$ sería negativo.

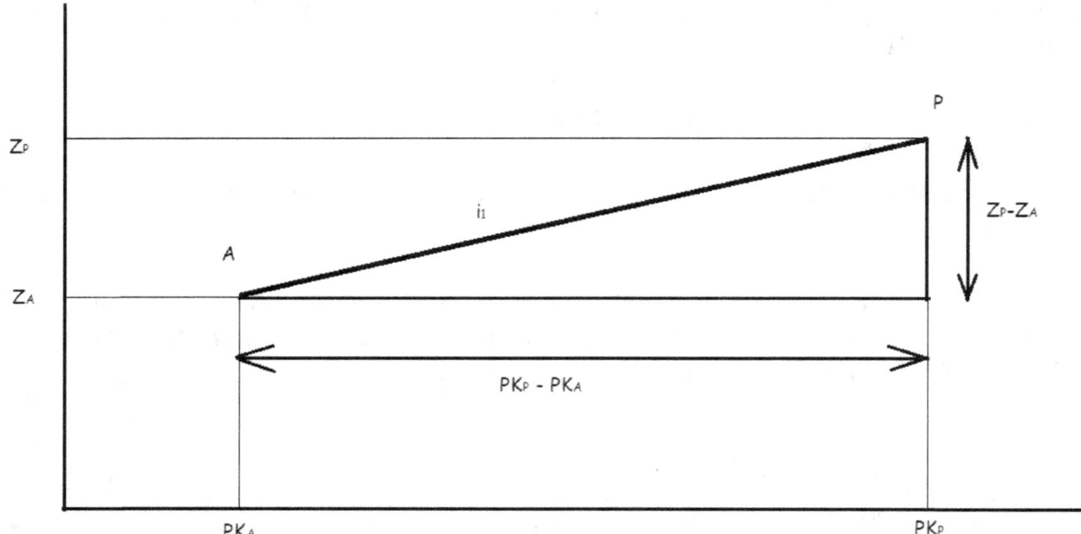


Dos rasantes consecutivas $r_1$ y $r_2$ se intersectan en un vértice $V_1$.

$$r_1 \equiv z = z_A + i_1 \cdot (PK - PK_A)$$
$$r_2 \equiv z = z_B + i_2 \cdot (PK - PK_B)$$

Es un sistema de 2 ecuaciones con 2 incógnitas, donde la solución es el PK y la cota del vértice V. Se despeja el $PK_V$.

$$PK_V = \frac{z_B - z_A - i_2 \cdot PK_B + i_1 \cdot PK_A}{i_1 - i_{21}}$$

Para obtener la cota $z_V$ se puede calcular a partir de la ecuación de $r_1$ o de la de $r_2$.

Vamos a poner un ejemplo sencillo.

**Ejercicio:**
Se tienen dos rasantes definidas del siguiente modo:
$R_1$: para por A ($PK_A$= 0+220; $Z_A$= 235) y tiene por pendiente en rampa de $i_1$=2 %.
$R_2$: para por B ($PK_B$= 1+220; $Z_B$= 271) y tiene por pendiente en rampa de $i_2$=10 %.
Se pide hallar el vértice V de la intersección de ambas alineaciones.

Aplicamos directamente la ecuación antes vista:
$$PK_V = \frac{z_B - z_A - i_2 \cdot PK_B + i_1 \cdot PK_A}{i_1 - i_{21}} = \frac{271 - 235 + 0.1 \cdot 1220 - 0.02 \cdot 220}{0.02 - 0.1}$$
$$= \frac{81.6}{-0.08} = 1020$$

Es decir, $PK_V$=1+020. Su cota será:
$$z_V = z_A + i_1 \cdot (PK_V - PK_A) = 235 + 0.02 \cdot (1020 - 220) = 235 + 0.02 \cdot 800$$
$$= 235 + 16 = 251$$

En resumen, las coordenadas de V serán: ($PK_V$=1+020; $Z_V$=251).

                                                                   

# 9.- TRAZADO EN ALZADO 2: PARÁBOLAS.

El enlace de dos rasantes rectas consecutivas se materializa por medio de una parábola. Las parábolas pueden ser cóncavas (regla nemotécnica cóncava: con-cava, con la forma de una copa de cava) o convexas.

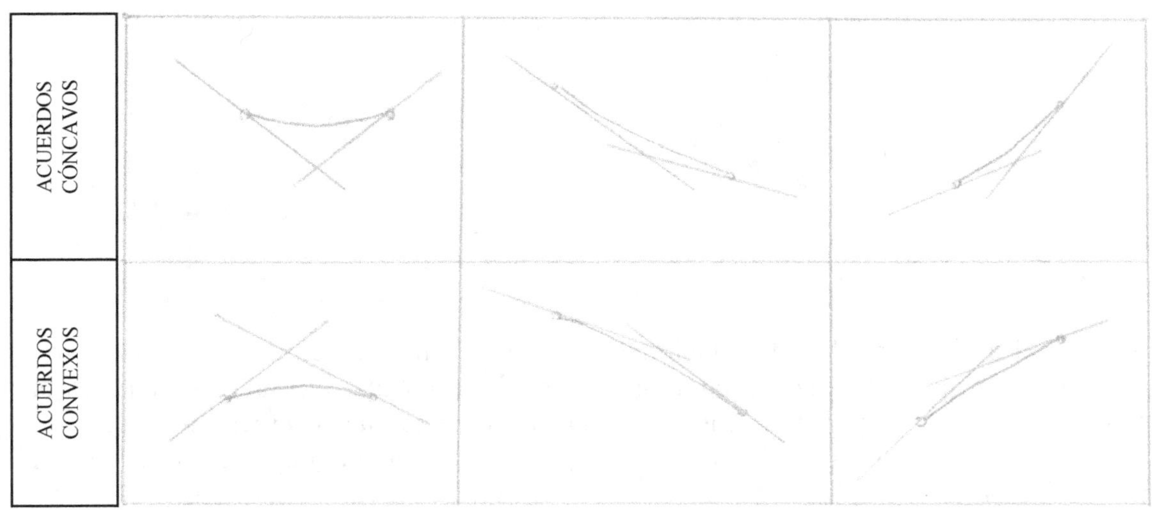

La parábola dependerá de las inclinaciones de las rectas de entrada y salida, y de su parámetro (no es el mismo que el de la clotoide). El parámetro de la parábola se designa por $K_V$, tiene unidades de distancia (metros) y define lo suave o abrupta que es la transición de pendientes, pues cuanto mayor es el parámetro $K_V$ más larga y más tendida es dicha transición.

Los valores mínimos a emplear de los parámetros de las parábolas -según la norma- están tabulados aquí, teniendo en cuenta que los valores aconsejables son los que corresponden al mínimo a una velocidad 20km/h superior.

| Vp (km/h) | MÍNIMO | | ACONSEJABLE | |
|---|---|---|---|---|
| | Kv CONVEXO (m) | Kv CÓNCAVO (m) | Kv CONVEXO (m) | Kv CÓNCAVO (m) |
| 40* | 303 | 568 | 1085 | 1374 |
| 60* | 1085 | 1374 | 3050 | 2636 |
| 80 | 3050 | 2636 | 7125 | 4348 |
| 100 | 7125 | 4348 | 15276 | 6685 |
| 120 | 15276 | 6685 | 30780 | 9801 |
| *Además se ha de cumplir que la longitud de la parábola debe ser siempre al menos L (m)>=Vp (km/h)* | | | | |
| ** Para una adecuada coordinación planta-alzado, se intentará que Kv=100·R/p.* | | | | |

Además del parámetro, hay otro mínimo que hay que cumplir en todo caso: $L\ (m) \geq V_P$. Es decir, la parábola no puede ser nunca excesivamente pequeña; con esta limitación nos aseguramos que al menos el vehículo está circulando sobre la parábola durante 3.6 segundos a la velocidad de proyecto.

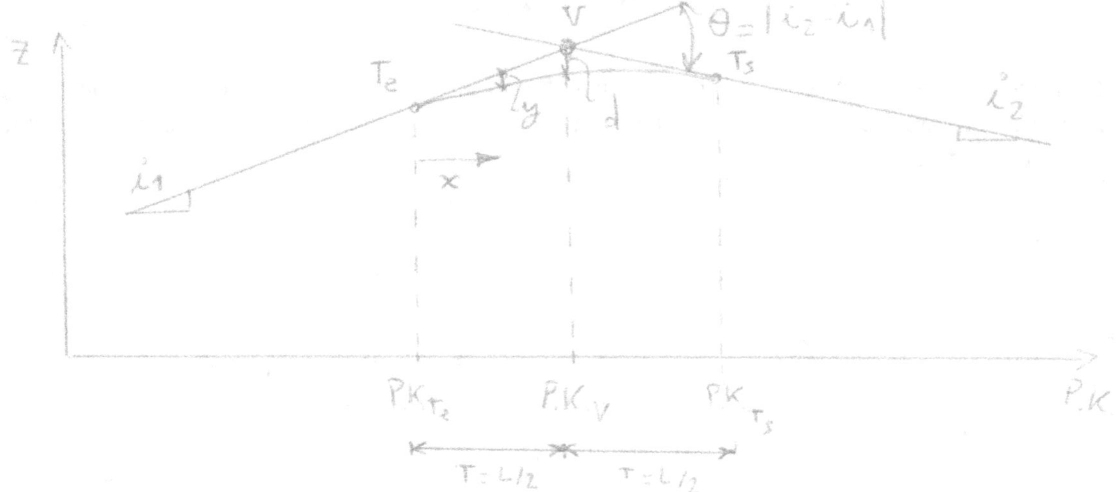

La longitud de la parábola está relacionada con el parámetro. Vamos a ver cuáles son las ecuaciones que gobiernan la parábola, teniendo en cuenta que sabemos cuál es la velocidad de proyecto, y que tenemos definidas de antemano las dos rectas a unir $r_1$ y $r_2$, de pendientes $i_1$ e $i_2$. En esas condiciones la parábola solamente depende de un factor, que es el parámetro.

La diferencia de pendientes de ambas rectas ("pendiente girada") la denotamos como:
$$\theta = |i_2 - i_1|$$
Con las pendientes en tanto por uno. Las barras significan valor absoluto, es decir, valor siempre en positivo.

La relación entre la longitud de la parábola (m), la diferencia de pendientes (en tanto por uno) y el parámetro de la parábola (m) es:
$$L = \theta \cdot K_V$$
A la distancia L/2 le llamamos Tangente, y es la distancia en horizontal entre la tangente de entrada Te y el vértice V, y la distancia entre V y la tangente de salida Ts. Ambas distancias son iguales, una de las propiedades más interesantes de la parábola que hacen que el cálculo del trazado en alzado sea bastante más sencillo que el trazado en planta.

$$T = L/2$$

A partir de intersección de las 2 rasantes rectas a ambos lados de la parábola, obtenemos el vértice V. A partir de V, obtenemos Te y Ts, como:
$$PK_{Te} = PK_V - T$$
$$PK_{Ts} = PK_V + T$$

Si tomamos como origen de las coordenadas horizontales el $PK_{Te}$ de la tangente de entrada Te, la coordenada x de un punto P de la parábola será x=$PK_P$-$PK_{Te}$. La ecuación de la parábola es:

$$y = \frac{x^2}{2 \cdot K_V}$$

Donde la coordenada y es el valor que hay que sumar o restar a la cota de la recta de entrada en el punto kilométrico de P para obtener la cota de la parábola. De ese modo la cota de un punto P de la parábola que tiene por PK el valor $PK_P$ será:

$$z_P = z_{Te} + i_1 \cdot (x) \pm \frac{x^2}{2 \cdot K_V}$$

El valor "–" se usará en las parábolas convexas, y el valor "+" se usará en las parábolas cóncavas. Algunos autores solucionan este problema de una fórmula con 2 signos de una manera diferente, y es dándole valores positivos o negativos al parámetro. No seguiremos ese procedimiento, esperando que el lector sepa identificar siempre si la parábola es cóncava y el valor se suma, o convexa y el valor se resta. También recordemos que $i_1$ puede positivo en rampa o negativo en pendiente.

Un valor particularmente interesante es el de la Bisectriz d, que es la diferencia de cota entre el vértice V y la parábola en el $PK_V$. Tiene el siguiente valor:

$$d = \frac{L^2}{8 \cdot K_V}$$

Una vez vistos ya los desarrollos matemáticos necesarios para el cálculo manual, incluimos un ejercicio resuelto para mostrar cual es la mecánica del cálculo del trazado de rasantes y parábolas.

**Problema:**

Retomando el ejercicio del apartado de las clotoides, tenemos que en alzado, el perfil longitudinal consta de dos rectas enlazadas por medio de un acuerdo parabólico. El punto A tiene por cota 842m, y la inclinación de la rasante que pasa por A es de una pendiente del 2.5%. El punto B tiene una cota de 865m, y la inclinación de la rampa que pasa por B es del 5.5%. El acuerdo parabólico tiene un parámetro Kv=4.000m. Recordemos que el PK del punto A era 5+220. Como información adicional diremos que el PK del punto B es 6+098'0874. Se pide:

a) Dibujar el croquis del perfil longitudinal, y calcular PK y la cota del vértice de intersección de ambas rasantes rectas.
b) PK y cota de los puntos de tangencia a la entrada y salida de la parábola.
c) Cota del eje en el punto de P.K. 5+500.

**Solución:**

a) Dibujar el croquis del perfil longitudinal, y calcular PK y la cota del vértice de intersección de ambas rasantes rectas.

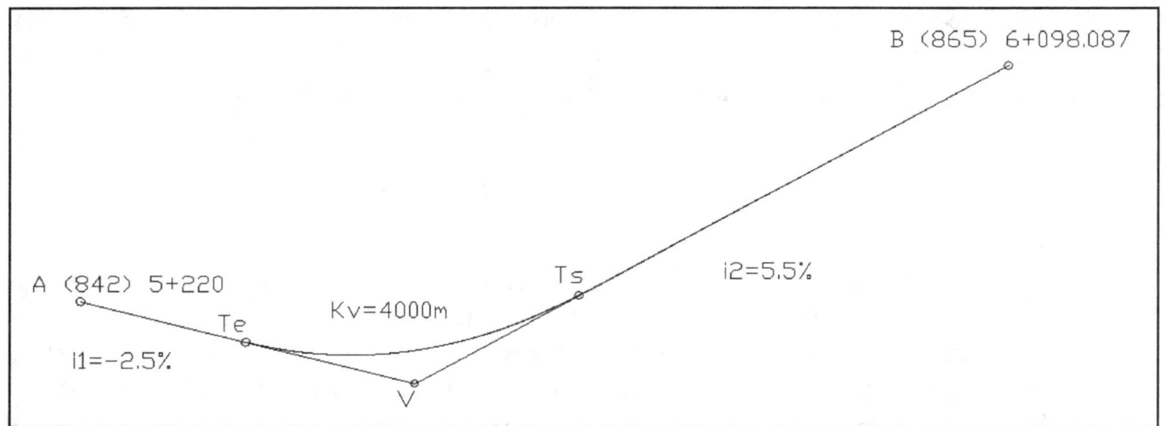


La ecuación de la recta R1:

$$z = z_A + i_1 \cdot (PK - PK_A) = 842 - 0.025 \cdot (PK - 5220)$$

La ecuación de la recta R2:

$$z = z_B + i_2 \cdot (PK - PK_B) = 865 \mp 0.055 \cdot (PK - 6098.0874)$$

V pertenece a ambas rectas, luego obtenemos sus coordenadas como intersección de ambas rectas, resolviendo un sistema de dos ecuaciones con dos incógnitas:

La ecuación de la recta R1:

$$PK_V = \frac{z_B - z_A - i_2 \cdot PK_B + i_1 \cdot PK_A}{i_2 - i_1}$$

$$= \frac{865 - 842 - 0.055 \cdot 6098.0874 - 0.025 \cdot 5220}{0.055 - (-0.025)} = 5536.185$$

Ahora hemos de calcular la cota de V:

$$z_V = z_A + i_1 \cdot (PK_V - PK_A) = 842 - 0.025 \cdot (5536.185 - 5220)$$
$$= 842 - 0.025 \cdot 336.185 = 834.095m$$

b) PK y cota de los puntos de tangencia a la entrada y salida de la parábola.

Lo primero es calcular la longitud de la parábola.

La pendiente girada es:

$$\vartheta = |i_2 - i_1| = 0.055 - (-0.025) = 0.08$$

La longitud, se obtiene, directamente con la fórmula:

$$L = K_V \cdot \vartheta = 4000m \cdot 0.08 = 320m$$

A continuación podemos obtener los PK y cotas de Te y de Ts a partir de las pendientes de entrada y de salida, y de las coordenadas de V:

$$PK_{Te} = PK_V - L/2 = 5536.185 - 160 = 5376.185$$

$$PK_{Ts} = PK_V + L/2 = 5536.185 + 160 = 5696.185$$

$$z_{Te} = z_V + i_1 \cdot (PK_{Te} - PK_V) = 834.095 - 0.025 \cdot (5376.185 - 5536.185)$$
$$= 834.095 + 0.025 \cdot 160 = 838.095m$$

$$z_{Ts} = z_V + i_{21} \cdot (PK_{Ts} - PK_V) = 834.095 + 0.055 \cdot (5696.185 - 5536.185)$$
$$= 834.095 + 0.055 \cdot 160 = 842.895m$$

c) Cota del eje en el punto de P.K. 5+500.

El punto solicitado está dentro de la parábola, ya que su PK está entre los de Te y Ts. En concreto, el punto dista de la tangente de entrada una distancia en horizontal  x=5500-5376.185=123.816m.

Para conocer su cota, aplicamos la fórmula general de la cota a partir de los datos de la tangente de entrada, teniendo en cuenta de que al ser acuerdo cóncavo, el término de $x^2$ se suma.

$$z_{5+500} = z_{Te} + i_1 \cdot (x) + \frac{x^2}{2 \cdot K_V} = 838.095 - 0.025 \cdot (123.816) + \frac{123.816^2}{2 \cdot 4000}$$

$$= 836.916m$$

# 10.- COORDINACIÓN DE PLANTA Y ALZADO.

Hemos visto como se realiza de forma aislada el trazado en planta y como a partir de él realizar el trazado en alzado. No es sin embargo una perspectiva completa del diseño, que ha de ser iterativo. Además, hemos de conseguir que planta y alzado estén en concordancia para que no se produzcan sorpresas durante la conducción por nuestro tramo de carretera; hay que evitar los efectos sorpresa y las pérdidas de trazado. ´

Hablamos de efecto sorpresa cuando introducimos una curva cerrada o una contra-curva en S justo en la salida de un acuerdo parabólico convexo. Las pérdidas de trazado son las ocasiones en las que el conductor puede ver en determinado instante dos tramos de carretera pero no se ve el trazado entre esos dos tramos, lo que traslada al conductor una información incompleta y fragmentada del trazado y del tráfico.

Para todo tipo de carretera se evitarán las siguientes situaciones, recogidas en el capítulo 6 de la norma 3.1-I.C.:

• Los puntos de tangencia de todo acuerdo vertical, en coincidencia con una curva circular, estarán situados dentro de la clotoide en planta y lo más alejados del punto de radio infinito.

• Alineación única en planta (recta o curva) que contenga un acuerdo vertical cóncavo o un acuerdo vertical convexo cortos. Ejemplo:

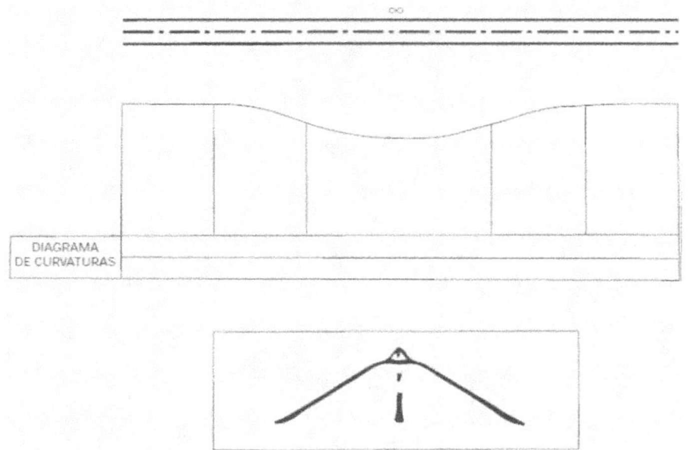


• Acuerdo convexo en coincidencia con un punto de inflexión en planta. Ejemplo:

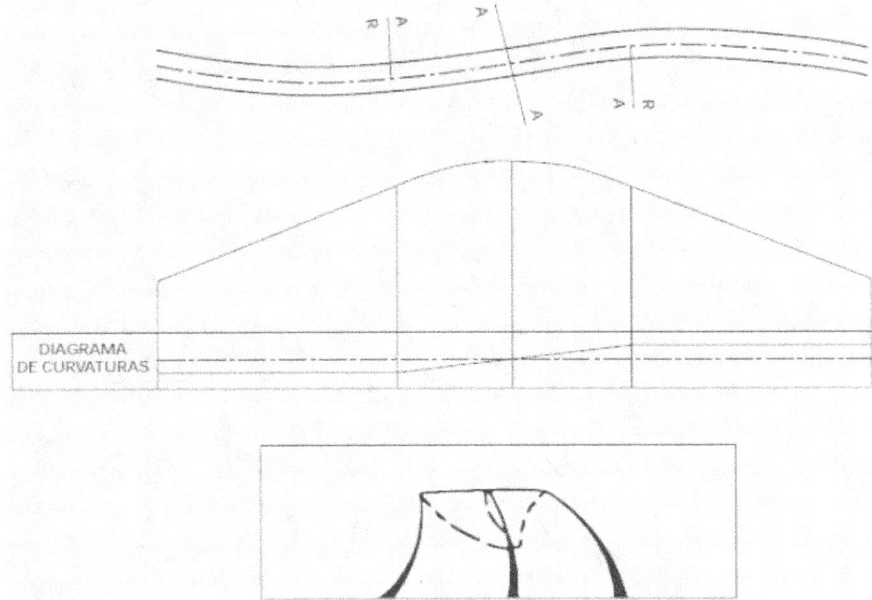

• Alineación recta en planta con acuerdos convexo y cóncavo consecutivos. Ejemplo:

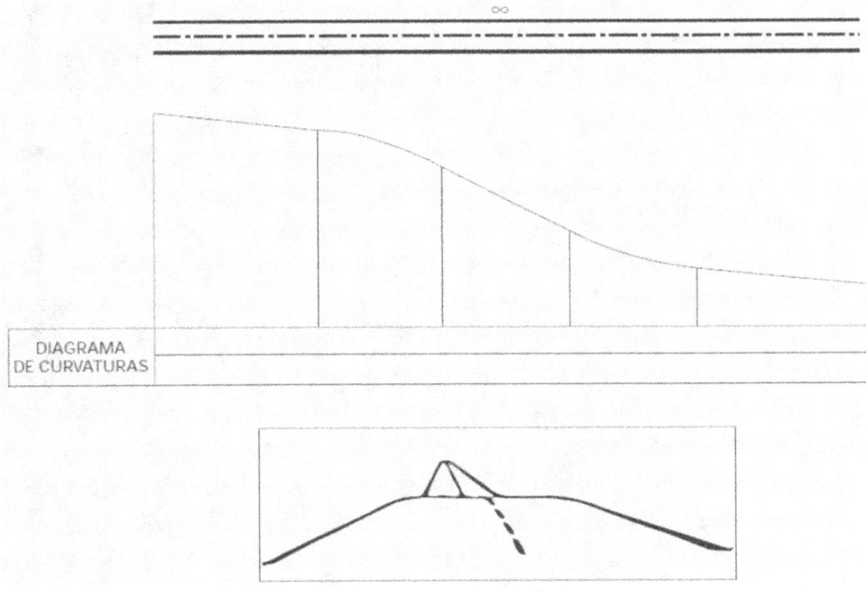

• Alineación recta seguida de curva en planta en correspondencia con acuerdos convexo y cóncavo. Ejemplo:

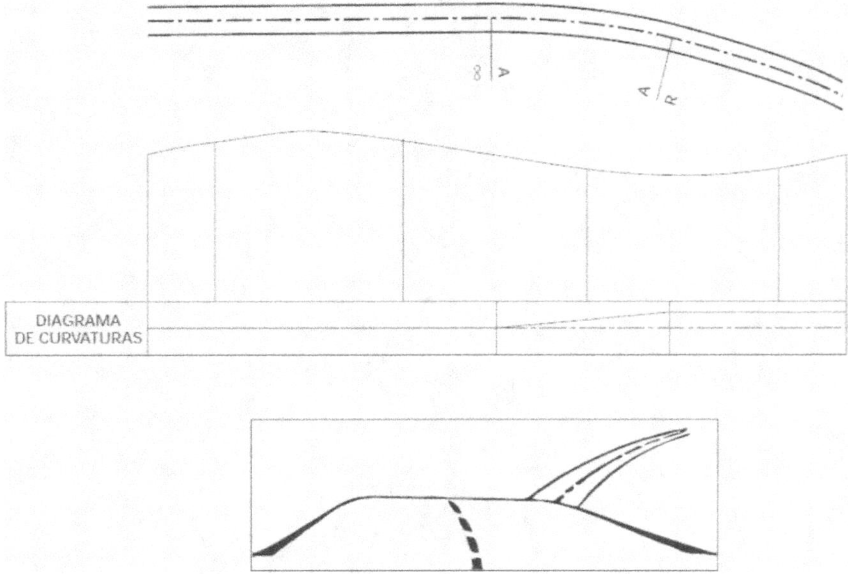

• Alineación curva, de desarrollo corto, que contenga un acuerdo vertical cóncavo corto. Ejemplo:

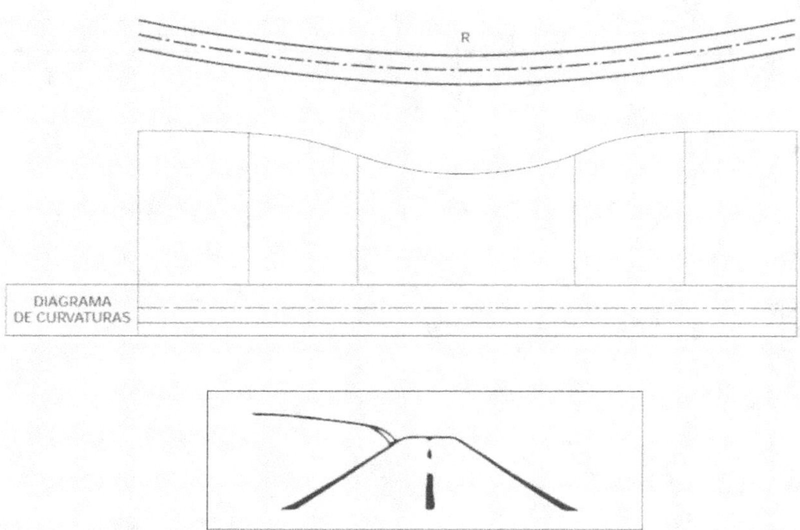

• Conjunto de alineaciones en planta en que se puedan percibir dos acuerdos verticales cóncavos o dos acuerdos verticales convexos simultáneamente. Ejemplo:

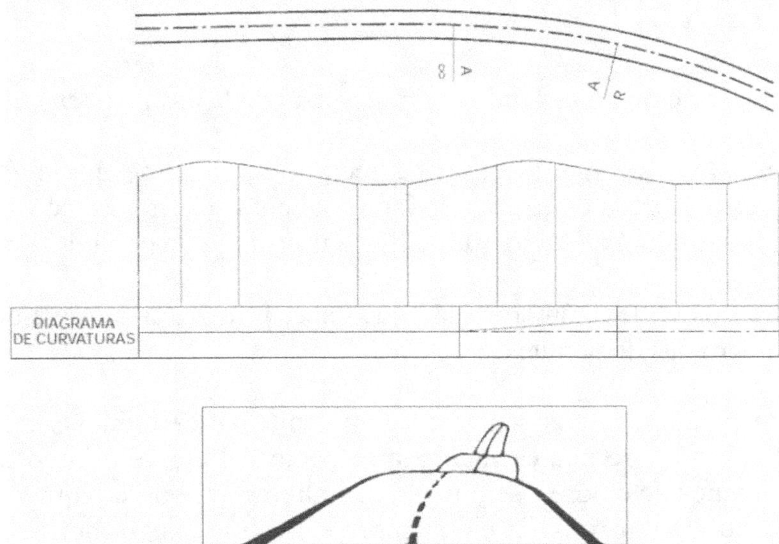


Además de las condiciones anteriores, en carreteras de calzadas separadas se evitará:

• Acuerdo cóncavo en coincidencia con un punto de inflexión en planta.
• Acuerdo corto entre pendientes largas dentro de una misma alineación en planta.
• Rasantes uniformes entre acuerdos consecutivos del mismo signo (o cóncavos o convexos) dentro de una misma alineación en planta.
• Curvas en planta cortas dentro de un acuerdo vertical largo.

Cuando se usen Radios y Parámetros de parábolas muy amplios (R$\geq$2.000m, K$_V$$\geq$15.000m) podrán admitirse algunas de las condiciones anteriores, debido a que esa amplitud de elementos reduce los efectos anteriores.

# 11.- LOS PERALTES.

El peralte es la inclinación de la pendiente transversal de la carretera en curva.

Hemos de tener en cuenta que al pasar de recta a curva, o de una curva a otra, las secciones transversales de la carretera a lo largo del eje van a ir variando su inclinación. Esa variación a lo largo del eje es lo que se llama transición de peraltes.

Antes de adentrarnos en los números, hay que hacer primero una breve descripción de lo que son los diagramas de peraltes.

Un diagrama de peraltes es una representación esquemática (aunque a escala) de los desniveles de los bordes de una calzada con respecto del eje, a lo largo de la longitud del eje. Si disponemos de colores, será mejor. Tendremos el borde Izquierdo (I) en azul, y el borde derecho (D) en rojo. El eje siempre es la línea negra horizontal. Vamos a dibujar esquemáticamente las inclinaciones en una curva aislada en una carretera convencional y debajo su diagrama de peraltes para que - con un poco de voluntad por parte del lector - se entienda el significado del diagrama.

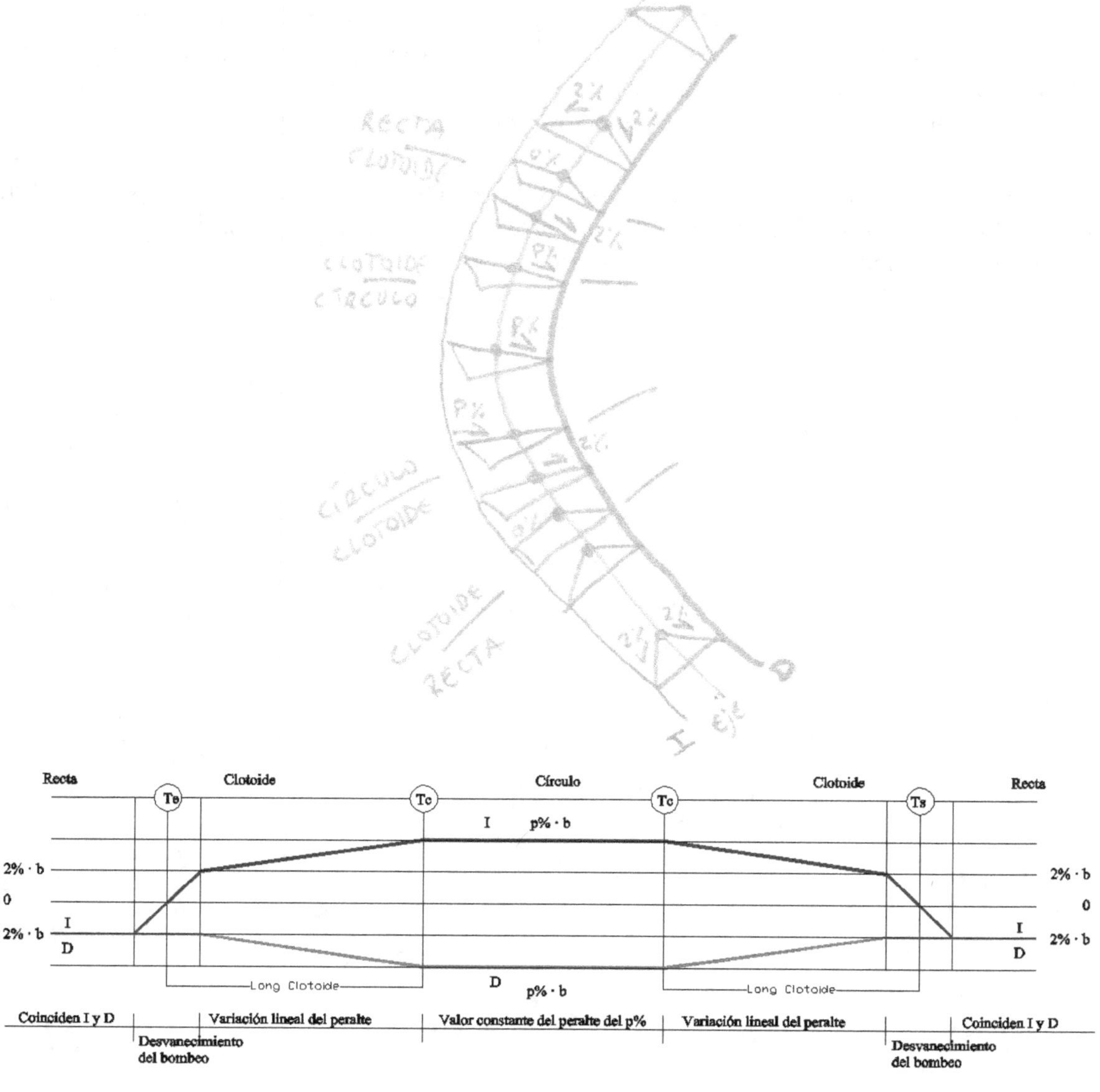

La norma comienza su apartado sobre los peraltes dando unas indicaciones sobre los valores mínimos de variación de peralte admisibles en las transiciones de peralte. Las limitaciones se justifican por:

- una sensación estética agradable,
- una rápida evacuación de las aguas de la calzada,
- unas características dinámicas aceptables para el vehículo.

Se pueden resumir en la siguiente tabla:

| $V_p$ (km/h) | 40 | 50 | 60 | 70 | 80 | 90 | 100 | 110 | 120 |
|---|---|---|---|---|---|---|---|---|---|
| $ip_{max}$ | 1,4 | 1,3 | 1,2 | 1,1 | 1,0 | 0,9 | 0,8 | 0,7 | 0,6 |
| $L_{min(1)}$ | 5,0 | 5,4 | 5,8 | 6,4 | 7,0 | 7,8 | 8,8 | 10,0 | 11,7 |
| $L_{min(11)}$ | 10,0 | 10,8 | 11,6 | 12,8 | 14,0 | 15,6 | 17,6 | 20,0 | 23,4 |
| $L_{min(2)}$ | 5,6 | 6,9 | 8,3 | 9,7 | 11,1 | 12,5 | 13,9 | 15,3 | 16,7 |

(1): Transición de -2% a 0% de peralte en la entrada de una curva según $ip_{max}$ para 1 carril de 3.5m anchura. (11) Idem, para 2 carriles de 3.5m de anchura.

(2): Transición de -2% a 0% de peralte en la entrada de una curva según el tope del 4% por segundo. Este es uno de los criterios para obtener $A_{min}$ de las clotoides.

(*): $L_{min}$ es la que debe compararse con la L que resulte de la geometría de la curva (diferencia de peralte/longitud clotoide) y con el máximo de 20/40m.

Se aprecia que para carreteras de 1 carril por sentido (carreteras convencionales) la $L_{min}$ que se obtiene con el criterio de la variación del 4% de peralte por segundo, que es el criterio número 2 para obtener los parámetros mínimos de las clotoides (el que nunca servía porque los otros criterios era más restrictivos). De modo que si hemos tomado una clotoide que cumpla los mínimos, no tendremos que preocuparnos por los valores mínimos de las transiciones de peralte cuando estemos en carreteras convencionales.

De modo opuesto, para carreteras de 2 o más carriles por sentido el criterio es el primero, y hemos de revisar que se cumplan los mínimos. Podría darse el caso de que incluso hubiéramos de ampliar el parámetro de las clotoides (y por tanto su longitud) para poder cumplir con esta limitación. Las longitudes de las clotoides entonces deberán cumplir por tanto:

$$L_{clotoide} \geq L_1 \cdot n^{\underline{o}} \; carriles \; por \; sentido \cdot peralte \; de \; la \; curva \; en \; \%/2$$

Así que este es el primer paso a realizar en la determinación de las transiciones de peralte: comprobar que se cumplen las longitudes  mínimas en cada curva del tramo.

Una vez realizado el paso anterior, hay que desarrollar las transiciones de peraltes de cada curva.

Vamos a explicar por separado:

1. Curva aislada:
    a. en carretera convencional (de 2 pendientes).
        i. Con clotoides "cortas".
        ii. Con clotoides "largas".
    b. Curva aislada en carretera de calzadas separadas (de 1 pendiente).
        i. Con giro en el sentido del bombeo.
        ii. Con giro en el sentido opuesto al del bombeo.
2. Curvas cercanas en S.

      a. en carretera convencional (de 2 pendientes).
          i. Con clotoides "cortas".
          ii. Con clotoides "largas".
      b. Curva aislada en carretera de calzadas separadas (de 1 pendiente).
3. Curvas cercanas en C (o en O).
      a. en carretera convencional (de 2 pendientes).
          i. Con clotoides "cortas".
          ii. Con clotoides "largas".
      b. Curva aislada en carretera de calzadas separadas (de 1 pendiente).
4. Aspectos a considerar en curvas sin clotoides.
5. Aspectos a tener en cuenta en curvas con tramo circular muy pequeño.

Consideramos que dos curvas consecutivas con sentidos distintos de giro (en S) son cercanas si:

- En carreteras de tipo 1: O no hay recta o el tramo recto es <200m.
- En carreteras de tipo 2: O no hay recta o el tramo recto es <150m.

Consideramos que dos curvas consecutivas con el mismo sentido de giro (en C o en O) son cercanas si:

- En carreteras de tipo 1: Si el tramo recto es <340m.
- En carreteras de tipo 2: Si el tramo recto es <220m.

Veremos estos casos más adelante. Empezamos por el caso en el que la curva está aislada.

## 1.a. Curva aislada en carretera convencional:

Consideramos que, a efectos de transición de peraltes, la clotoide "es larga" si:

$$2 \cdot \frac{L_{clotoide}}{peralte\ en\ \%} > \begin{cases} 20m\ en\ carreteras\ tipo\ 2 \\ 40m\ en\ carreteras\ tipo\ 1 \end{cases}$$

Si no se cumple este valor, la clotoide es "corta".

Si la clotoide es "corta" la transición de peralte se hace en 1 tramo. Si la clotoide es "larga" se hace en 2 tramos.

Si tenemos un tramo en recta, la pendiente transversal es el bombeo. En una carretera de calzada única, tendremos 2 pendientes transversales distintas de inclinación 2% hacia el exterior de la carretera, a cada lado del eje (o de la línea de separación de carriles). Cuando llega el momento de acercarse a la curva, un poco antes de llegar al inicio de la clotoide lo primero que hay que hacer es el "desvanecimiento del bombeo".

El "desvanecimiento del bombeo" es la transición de peralte del carril (y del arcén) que tiene el 2% de bombeo con la inclinación opuesta a la del peralte de la curva de ese 2% hasta el 0%, es decir, hasta la horizontal. Hay que hacer 2 apreciaciones: El otro carril mantiene su inclinación del 2% de bombeo; Solamente tendremos una sección con esa inclinación nula, porque ese es un punto de posible acumulación de agua. En el caso de "clotoides largas" esa transición de desvanecimiento del bombeo se realizará linealmente en una longitud de 20m en carreteras tipo 2 y 40m en carreteras tipo 1. Si las clotoides son cortas, el desvanecimiento del bombeo se hace en una longitud de $2 \cdot L_{clotoide}/peralte\ en\ \%$.

En la sección de inicio de la clotoide tenemos completado el desvanecimiento del bombeo, y a partir de ahí hasta el final de la clotoide, tenemos una transición de peraltes.

**Si las clotoides son "largas",** tendremos que hacer la transición de peraltes en 2 tramos:

En la clotoide, desde tangente de entrada a la curva:
- calzada tipo 1:        40 m      (de 0% a 2%)-sólo para el carril exterior.
- calzada tipo 2:        20 m      (de 0% a 2%)-sólo para el carril exterior.

En el resto clotoide, hasta el inicio de círculo:
- aumento lineal del peralte:      (de 2% a p%)

El esquema queda de la siguiente manera, para un ejemplo con curva a derechas:

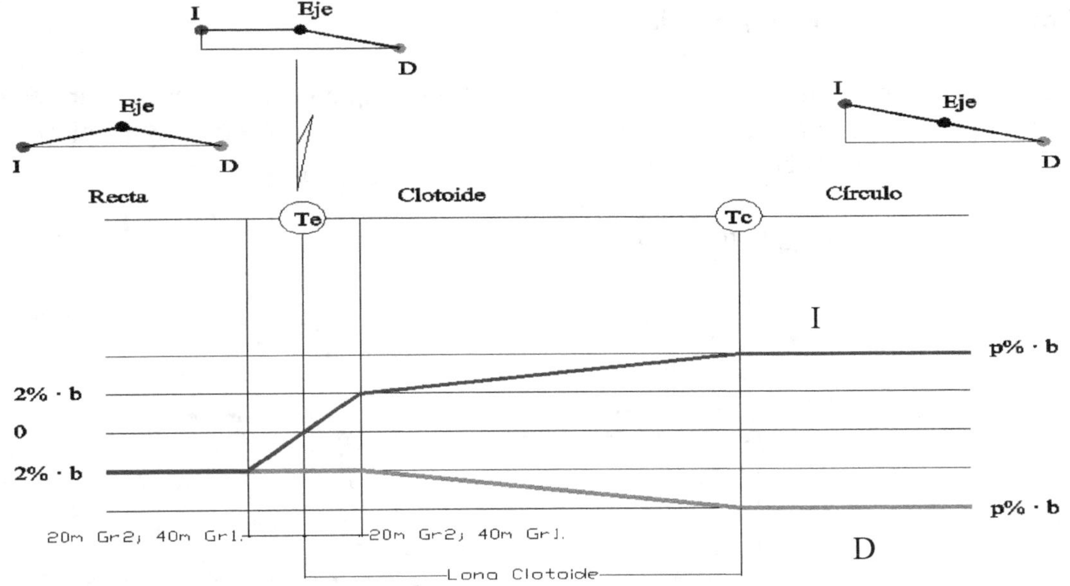


Siendo b el ancho de un carril en metros (3.5m normalmente), el resultado de multiplicar el ancho por el % de inclinación nos da el desnivel respecto del eje en centímetros.

**Si las clotoides son "cortas",** tendremos que hacer la transición de peraltes en 1 tramo:

En la clotoide, desde la tangente de entrada a la curva hasta el inicio del círculo:
- aumento lineal del peralte
  - el carril exterior de 0% a p% a lo largo de $L_{clotoide}$, y
  - el carril interior de 2% a p% desde el punto en el que en el carril exterior se alcanza el 2%.

El esquema queda de la siguiente manera, para un ejemplo con curva a derechas:

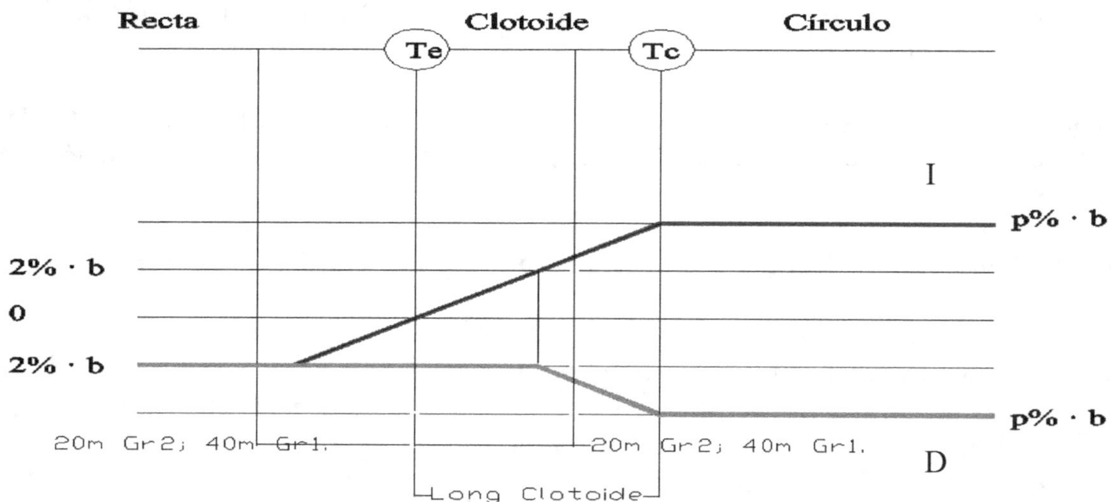


Se aprecia que en el caso de clotoides "cortas" las transiciones de -2% a 0% y de 0% a 2% son más cortas que los 20m o 40m según tipo de carretera.

**1.b.i. Curva aislada en carretera de calzadas separadas. Caso de giro en el sentido del bombeo (normalmente giro a la derecha):**

En este caso la transición es más sencilla, porque no hay que hacer el desvanecimiento del bombeo. Directamente, la transición de peraltes pasa del bombeo del 2% en el inicio de la clotoide al p% al inicio del círculo.

El esquema queda de la siguiente manera:

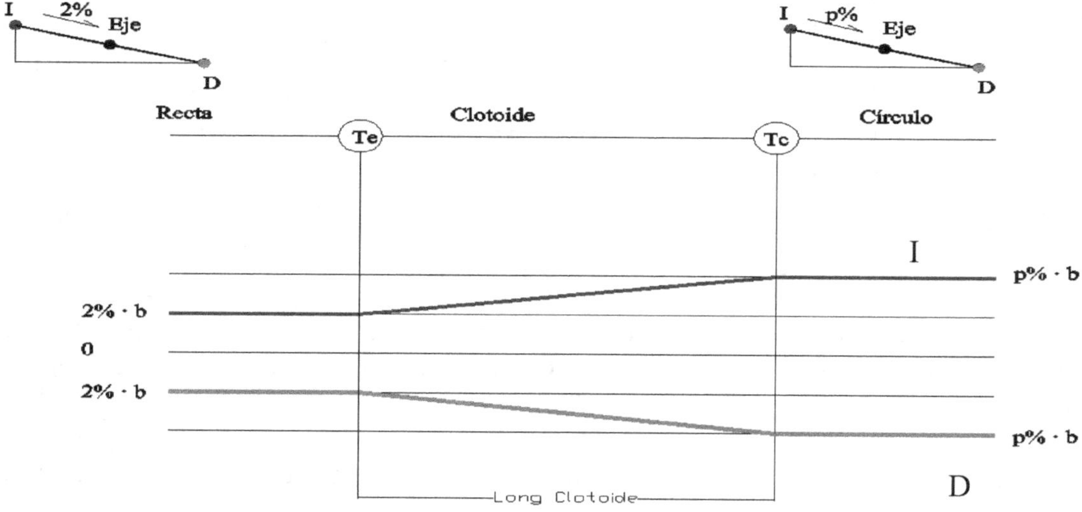


**1.b.ii. Curva aislada en carretera de calzadas separadas. Caso de giro en el sentido contrario al del bombeo (normalmente giro a la izquierda):**

Aquí hay que hacer el desvanecimiento del bombeo pero a sección completa, de modo que en el inicio de la clotoide la pendiente transversal de toda la sección es 0%.

De nuevo podemos tener una transición con clotoides "cortas" o "largas". Explicaremos solamente el caso de clotoides "largas", que es más complejo.

- En primer lugar, se realiza el desvanecimiento del bombeo desde los 20m/40m (grupo 2 y grupo 1 respectivamente) antes del inicio de la clotoide hasta el punto de inicio de la clotoide. Se pasa de un 2% de pendiente hacia la derecha a un 0% de pendiente.
- En segundo lugar, se realiza una transición del 0% al 2% hacia la izquierda a sección completa, en 20m/40m (grupo 2 y grupo 1 respectivamente) después del inicio de la clotoide. (tiene la misma inclinación en el diagrama de peraltes que el tramo anterior).
- En tercer lugar, se realiza la transición del 2% al p% a sección completa, desde el punto final del anterior tramo hasta el inicio de la curva circular.
- Si la clotoide es corta, en lugar de estos 2 últimos apartados, se realiza la transición del 0% al p% de forma lineal; además, en este caso, el desvanecimiento del bombeo se realiza con la misma inclinación en el diagrama de peraltes que el resto de la transición.

El esquema queda de la siguiente manera, considerando clotoides "largas":

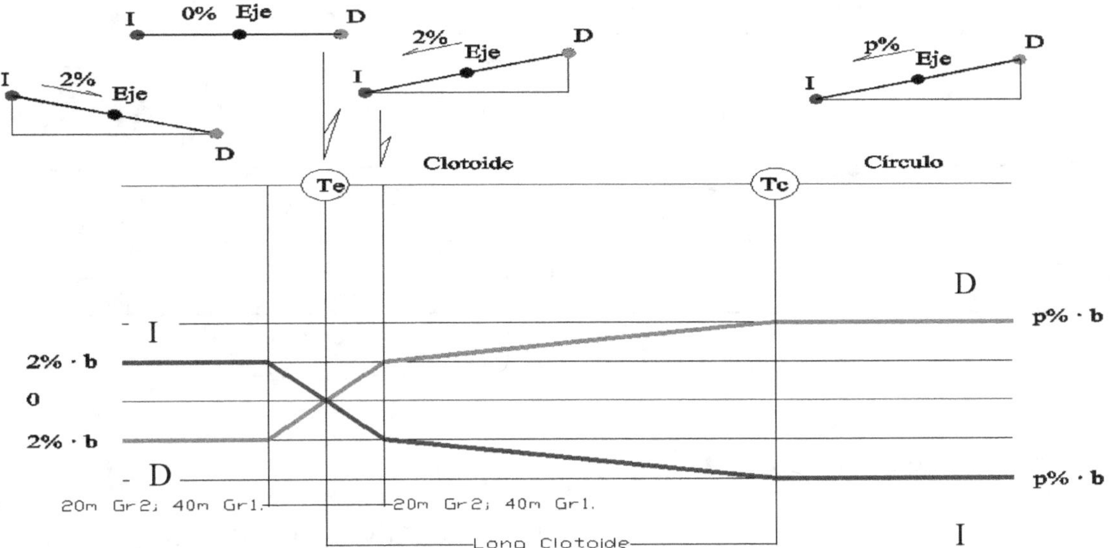


## 2. Curvas cercanas en S:

Recordemos que consideramos que dos curvas consecutivas con sentidos distintos de giro (en S) son cercanas si:

- En carreteras de tipo 1: O no hay recta o el tramo recto es <200m.
- En carreteras de tipo 2: O no hay recta o el tramo recto es <150m.

Cuando estamos en este caso, vamos a prescindir del bombeo en recta en el tramo de la recta entre ambas curvas, y lo que vamos a hacer es prolongar la transición de peraltes desde las clotoides. Lo que se hace es:

- Primero, se toma el punto central de la recta y a ese darle pendiente transversal cero en toda su sección.

- Segundo, desde ese punto central hasta 20/40m antes y 20/40m después se realizan sendas transiciones desde el 0% a sección completa hasta el 2% a sección completa.
- Tercero, se realiza una transición de peraltes lineal desde el 2% hasta el p% en cada una de las clotoides, de salida de la primera curva, y de entrada en la segunda curva. Apréciese que parte de cada una de esas dos transiciones se producen en la misma recta y parte en la clotoide.
- En principio, no ha lugar en este caso la consideración de clotoides largas o cortas. En caso de no haber tramo recto, sí podría darse el caso y de ser las clotoides cortas, entonces no tendremos en cuenta los anteriores puntos 2º y 3º, sino una única transición desde 0% a p% en las clotoides anterior y posterior.

Para el caso de una sucesión de curva a la derecha y curva a la izquierda, con recta intermedia <150m en una carretera convencional, un ejemplo puede quedar así:

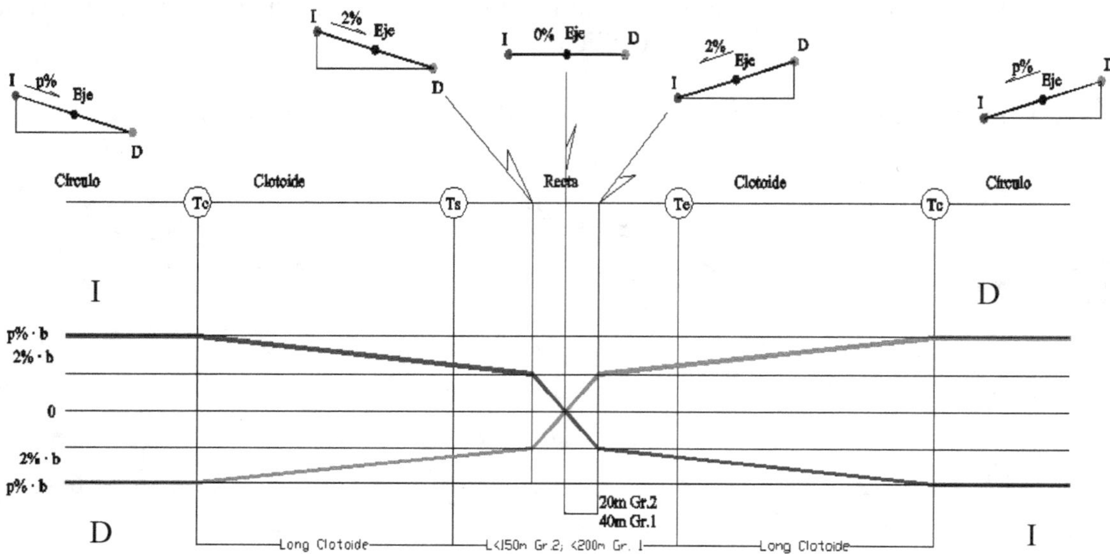


## 3. Curvas cercanas en C (en O):

Recordemos que consideramos que dos curvas consecutivas con el mismo sentido de giro (en C o en O) son cercanas si:
- En carreteras de tipo 1: Si el tramo recto es <340m.
- En carreteras de tipo 2: Si el tramo recto es <220m.

En estos casos:
- A lo largo de toda la recta intermedia mantendremos una pendiente transversal constante del 2% en el sentido de las curvas.
- En ambas clotoides próximas a la recta haremos una transición en 2 fases:
  - o Desde la tangencia de curva circular con la clotoide hasta el punto de la clotoide que tiene por radio de curvatura R=2500m/5000m (carreteras de grupo 2 y grupo 1 respectivamente) se hace una transición desde el p% hasta el 2% en el sentido de las curvas.
  - o Desde ese punto de la clotoide que tiene por radio de curvatura r=2500m/5000m (carreteras de grupo 2 y grupo 1 respectivamente) hasta la recta la pendiente transversal es constante del 2% en el sentido de la

curva. Es decir, que en esas zonas la inclinación es la misma que en la recta central.

El punto de una clotoide de parámetro "A" que tiene por radio de curvatura r está a una distancia sobre el eje de:

$$l = \frac{A^2}{r}$$

Esas longitudes "l" son las que usaremos para determinar los puntos a partir de los cuales la pendiente transversal es del 2%, sustituyendo r por 2500m/5000m (carreteras de grupo 2 y grupo 1 respectivamente).

Gráficamente, para un caso de 2 curvas a derechas, y en una vía que podría ser una carretera convencional o una calzada de un sentido con 2 carriles, podemos a título fe ejemplo, trazar el siguiente diagrama de peraltes:

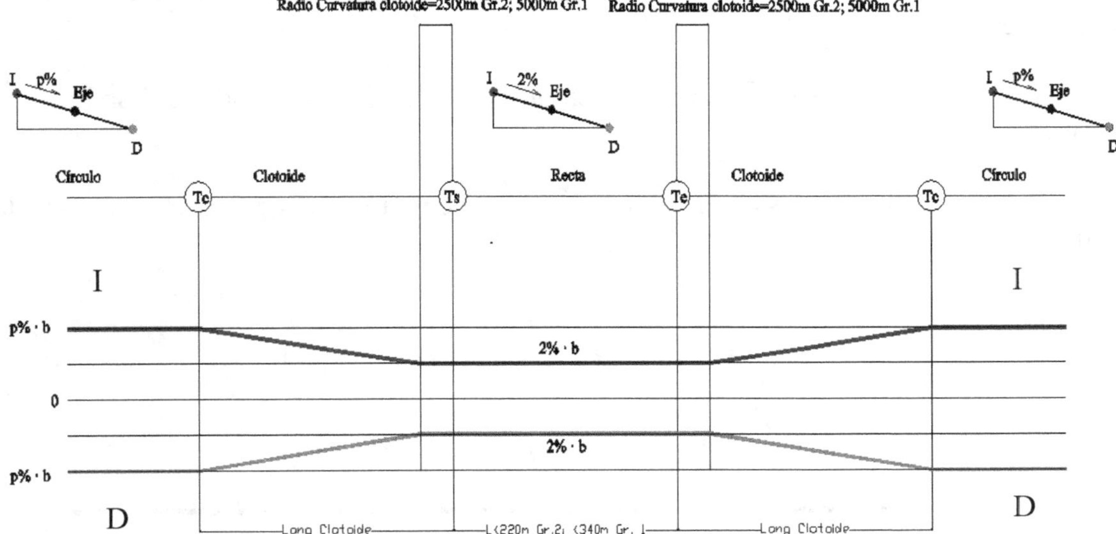


## 4. Caso de una curva sin clotoides:

Si no tenemos clotoides, la transición de peraltes debe hacerse enteramente sobre la recta antes de llegar a la curva circular, pudiéndolo hacer de forma lineal en un solo tramo.

La norma española no dice más, y debería, puesto que no nos indica cuál debe ser la longitud de la transición. Proponemos como longitud de la transición desde el 2% al p% de una longitud de:
- En carreteras de grupo 1: $L_1=(p-2)\cdot 20$.
- En carreteras de grupo 2: $L_1=(p-2)\cdot 10$.

Y el resto de la transición (el desvanecimiento del bombeo y la transición del 0% al 2%) con la misma inclinación en su diagrama de peraltes.

## 5. Caso de una curva con un tramo circular de <30m:

Al menos deberíamos tener un tramo de 30m de longitud con el peralte del p%. Por ello lo que se hace es desplazar hacia las zonas en las clotoides los puntos a partir de los que el peralte es el p% hasta conseguir tener esos 30m con el peralte máximo.

# 12.- DIAGRAMA DE CURVATURAS.

En los perfiles longitudinales de los planos de trazado en alzado, en la parte inferior tenemos **la guitarra**. En ella se reflejan numéricamente cada 20m de longitud en planta:
- Las cotas de la rasante.
- Las cotas del terreno.
- La cota roja (se define como cota de la rasante – cota del terreno).
- Las distancias a origen.
- Las distancias parciales.

Pero además, se recogen dos diagramas que no están relacionados con el alzado:
- El diagrama de curvaturas.
- El diagrama de peraltes.

De todo lo anterior, solamente nos queda por tratar el diagrama de curvaturas. Hemos de tener en cuenta que:

La curvatura de una línea (recta o curva) en un punto de ella, es 1/Radio de esa línea en ese punto.

La curvatura de una recta es cero, ya que el radio de curvatura en cualquier punto de ella es infinito.

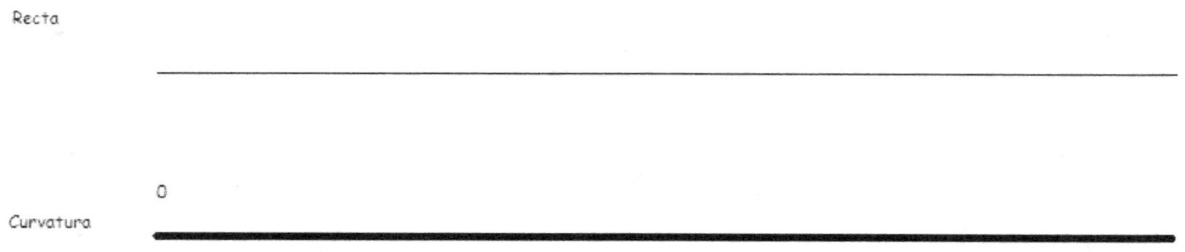

La curvatura de una circunferencia el 1/R, ya que el radio de curvatura en cualquier punto de ella es R. Hemos de tener en cuenta que:
- Si la curva es a derechas, es decir, giro en sentido horario y de azimutes crecientes, consideramos la curvatura positiva.
- Si la curva es a izquierdas, es decir, giro en sentido antihorario y de azimutes decrecientes, consideramos la curvatura negativa.

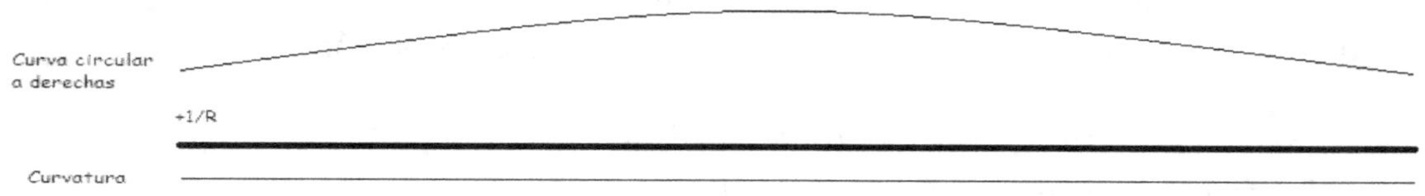

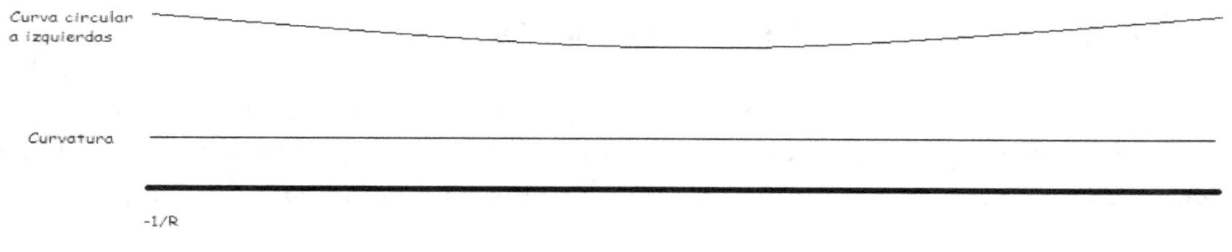

La curvatura de una clotoide en un punto es 1/r, siendo r el radio de curvatura de la clotoide en ese punto, que será $A^2$/longitud recorrida. Si trazamos la evolución de la curvatura a lo largo de la clotoide resulta que es una proporción lineal que va desde curvatura cero en la tangencia con la recta, hasta curvatura 1/R en la tangencia con el círculo.

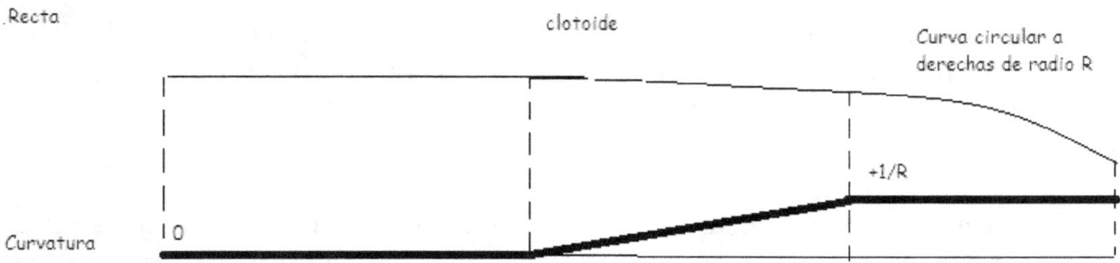


El diagrama de curvaturas muestra de manera esquemática (aunque tiene escala) la evolución de la curvaturas que se produce a lo largo del desarrollo en planta del tramo. A lo largo de dicho diagrama se irá trazando la evolución de las curvaturas del eje según estemos en recta, clotoide o círculo.

# 13.- CÁLCULO DE VOLÚMENES DE TIERRAS.

Cuando se realiza un proyecto de carretera, el movimiento de tierras es una de las tareas fundamentales a realizar. Los volúmenes de tierras a excavar (desmontes) y a rellenar (terraplenes) son algunas de las unidades de obra más importantes del proyecto, y requieren un gran despliegue de medios materiales y humanos, además de tener fuerte impacto visual y ambiental.

La medición de exacta de los volúmenes es una tarea sencillamente imposible. Siempre tendremos un margen de error. Por ello es inútil ponernos a discutir por un error en el segundo decimal en una de estas medidas. No hay métodos exactos, todos son aproximados.

La medición a nivel de proyecto se realiza habitualmente por el método de las áreas medias. Consiste básicamente en medir las áreas de desmonte y de terraplén en las secciones transversales cada D metros de distancia (D es 20m prácticamente siempre). Se miden los volúmenes de tierras que se excavan o terraplenan entre dos perfiles transversales consecutivos. Hay diferentes casos y cada caso tiene una fórmula diferente asociada.

A continuación vamos a citar las diferentes fórmulas, sin entrar en explicarlas.

1º) Sección 1 totalmente en desmonte- Sección 2 totalmente en desmonte.

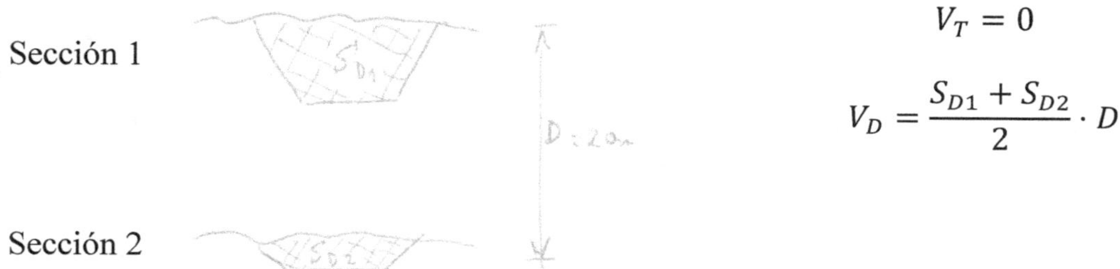

$$V_T = 0$$

$$V_D = \frac{S_{D1} + S_{D2}}{2} \cdot D$$

2º) Sección 1 totalmente en terraplén- Sección 2 totalmente en terraplén.

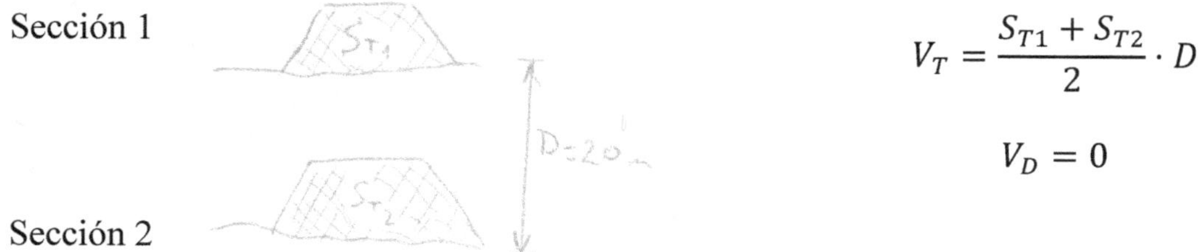

$$V_T = \frac{S_{T1} + S_{T2}}{2} \cdot D$$

$$V_D = 0$$

3º) Sección 1 totalmente en terraplén- Sección 2 totalmente en desmonte (o a la inversa).

Sección 1

Sección 2

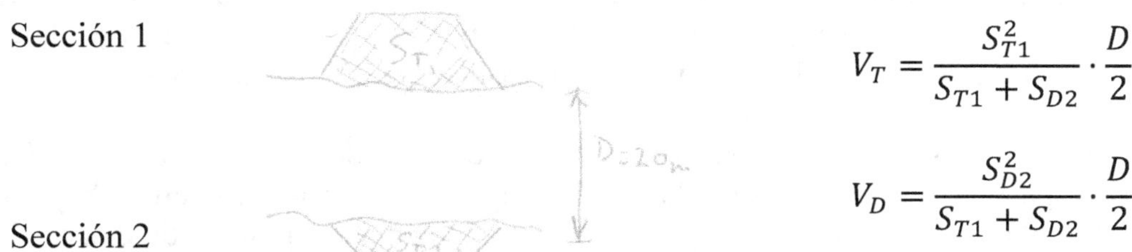

$$V_T = \frac{S_{T1}^2}{S_{T1} + S_{D2}} \cdot \frac{D}{2}$$

$$V_D = \frac{S_{D2}^2}{S_{T1} + S_{D2}} \cdot \frac{D}{2}$$

4º) Sección 1 a media ladera (parte en desmonte y parte en terraplén) - Sección 2 totalmente en desmonte (de forma análoga se plantea con la sección 2 totalmente en terraplén; o con la sección 1 en desmonte o en terraplén y la sección 2 a media ladera).

Se resuelven 2 problemas independientes. Se divide la sección que está o totalmente en desmonte o totalmente en terraplén en dos partes, coincidiendo con el punto de la sección en la que en el otro perfil se pasa de desmonte a terraplén. A un lado, resolvemos un problema como el del tipo 1, y al otro lado resolvemos un problema como el del tipo 3.

Sección 1

Sección 2

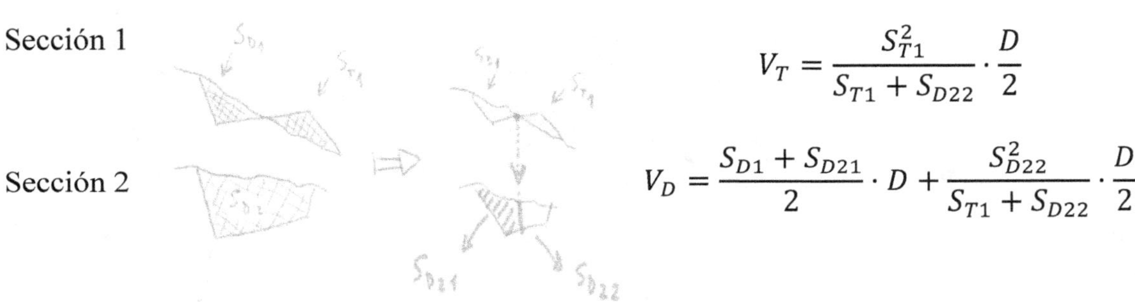

$$V_T = \frac{S_{T1}^2}{S_{T1} + S_{D22}} \cdot \frac{D}{2}$$

$$V_D = \frac{S_{D1} + S_{D21}}{2} \cdot D + \frac{S_{D22}^2}{S_{T1} + S_{D22}} \cdot \frac{D}{2}$$

5º) Secciones 1 y 2 a media ladera.

Este es el caso más general. Se divide cada sección en 3 partes, dando por supuesto que no van a coincidir nunca los puntos de paso de desmonte a terraplén de ambas secciones.

Sección 1

Sección 2

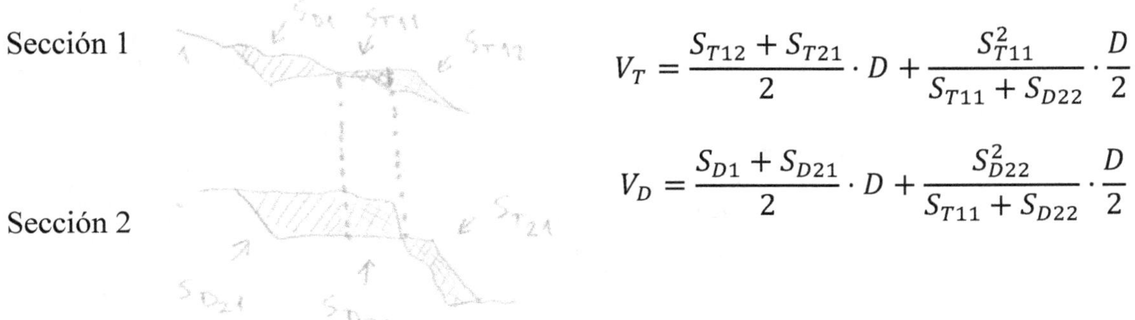

$$V_T = \frac{S_{T12} + S_{T21}}{2} \cdot D + \frac{S_{T11}^2}{S_{T11} + S_{D22}} \cdot \frac{D}{2}$$

$$V_D = \frac{S_{D1} + S_{D21}}{2} \cdot D + \frac{S_{D22}^2}{S_{T11} + S_{D22}} \cdot \frac{D}{2}$$

Vistos estos cinco casos, cualquier otra posibilidad se reduce a las fórmulas anteriores. Cabe destacar que estas fórmulas son para 2 secciones consecutivas, de modo que si tenemos, por ejemplo 20 perfiles transversales, obtendremos 19 volúmenes parciales de desmonte y otros tantos de terraplén (siempre uno menos), y que los volúmenes totales de desmonte y de terraplén se obtendrán de sumar los parciales en cada caso.

Este tipo de cálculos volumétricos se puede hacer de forma correcta midiendo superficies de perfiles transversales en Autocad y calculando por medio de una hoja de cálculo (una tabla de Excel, por ejemplo), aunque los mismos programas de diseño de carreteras tienen la opción de obtener los cálculos de volúmenes. Hay que tener cuidado con el programa que manejemos, porque algunos tienen unos algoritmos tan básicos que resuelven mal los volúmenes. Conviene siempre antes de manejar un programa hacerse un ejemplo sencillo y comprobar que el programa lo hace bien testeando con los volúmenes obtenidos por medio de las fórmulas a partir de las superficies de los perfiles transversales.

# 14.- ORGANIZACIÓN DE LA GEOMETRÍA DE LOS VIALES EN PROYECTOS DE URBANIZACIÓN.

Los ejes en planta de los viales en estos casos suelen ser tramos rectilíneos que se cruzan entre sí. Ahí aparece el problema. Que en los puntos de corte la cota de las 2 rasantes que se cruzan debe coincidir.

Ello nos lleva a plantearnos cómo organizar el diseño del trazado en alzado de los distintos viales para conseguir algo que no va a ocurrir jamás si lo dejamos al azar. Hay pues que desarrollar una estrategia.

Se nos pueden ocurrir muchas maneras de plantear el problema. En todo caso y en último extremo, siempre que tendremos que contar con el relieve natural del terreno, de manera que lo alteremos lo menos posible, lo cual además reducirá el movimiento de tierras.

La primera idea que lanzamos es  pensar que vamos a intentar fijar los alzados de los ejes en una de las dos direcciones perpendiculares en las que normalmente habremos definido el trazado. Una vez definido el alzado de estos, los ejes de la dirección transversal tendrán que diseñarse de manera que pasen por los puntos de cruce con la cota que hemos determinado en los casos anteriores.

Lo más sencillo es que primero veamos la orografía del sector y cuál de las direcciones se parece más a un plano inclinado. Tomaremos esa como la dirección preferente, y los ejes de los viales los intentaremos hacer con una única rasante de pendiente constante, siempre que cumpla con los mínimos de la instrucción. Los viales de la otra dirección como antes hemos dicho deberán adaptarse a los primeros.

En todo caso, este procedimiento que sugerimos debe ser iterativo; una vez acabado el proceso por primera vez, hemos de observar el resultado de manera crítica, y cambiar aquello que no nos parezca oportuno.

# 15.- EJERCICIO DE TRAZADO DE CARRETERAS CON TCP-MDTv4.0.

Para el terreno del archivo de autocad "planta.dwg" (podemos encontrarlo en la página web www.edificacion.jimdo.com) se trata de diseñar un trazado de carretera que una 2 puntos y que tenga al menos 3 rectas y 2 curvas, de manera que se cumplan las exigencias de la 3.1-I.C. "Trazado". Se imponen una serie de condiciones para el diseño de la carretera.

Características de la carretera:
Carretera de tipo II con Vp=60km/h. El eje parte de un punto A de coordenadas ($X_A$, $Y_A$, $Z_A$), con azimut = $\vartheta_A$ y llega a un punto B de coordenadas ($X_B$, $Y_B$, $Z_B$), con azimut = $\vartheta_B$. Se tomarán los datos de la tabla 1 (son distintos para cada alumno)

Alineaciones del trazado en planta:
Recta que parte de A con azimut $\vartheta_A$, curva circular con clotoides simétricas que puede ser a la derecha o a la izquierda, recta a determinar por el alumno, curva circular con clotoides simétricas que puede ser a la derecha o a la izquierda, y recta de azimut $\vartheta_B$ que finalice en B. Los radios y parámetros de las curvas los fijará el alumno, pero tendrán que ser compatibles con los de la 3.1.-I.C.

Alineaciones del trazado en alzado:
Pendiente que parte de A con valor a determinar por el alumno, acuerdo cóncavo, pendiente a determinar por el alumno, acuerdo cóncavo o convexo a determinar, y rampa o pendiente a determinar por el alumno que finalice en B. Los valores de los acuerdos serán mayores que los deseables, según la norma 3.1-I.C.

Sección tipo:
Carretera convencional con calzada de 2 arcenes de 1.5m, 2 carriles de 3.5m, y sin bermas. Los taludes del firme serán 2H:1V. Los taludes de terraplén serán 3:2, los taludes de desmonte 1:1, y las cunetas en los desmontes tendrán sección trapecial con taludes 1:1 y un ancho en la base de 1m.

El espesor del firme se obtendrá a partir de los datos siguientes: I.M.D.$_{pesados}$=150; Suelos en desmonte y terraplén capaces de dar explanada tipo E-1; firme flexible.

En los perfiles transversales se dibujará solamente un paquete que englobe todo el firme, que incluirá las capas de M.B.C. y zahorras, que tenga en cabeza el espesor correspondiente al ancho de arcenes+carriles. Se puede omitir la introducción de los sobreanchos en las curvas. Para los perfiles transversales no tendremos en cuenta la posible existencia de una capa vegetal superficial en el terreno.

El resultado se representará en planos de Autocad de planta, perfil longitudinal, perfiles transversales, sección tipo y además se acompañará de listados de: alineaciones en planta, de alineaciones en alzado, y de mediciones de volúmenes de excavación y terraplén.

A continuación se incluye la tabla de datos para la práctica.

| Tabla de datos para la práctica | | | | | | | |
|---|---|---|---|---|---|---|---|
| *Alumno* | $X_A$ | $Y_A$ | $Z_A$ | $\vartheta_A$ | $X_B$ | $Y_B$ | $Z_B$ | $\vartheta_B$ |
| *1* | 1000 | 1600 | 31 | $150.00^g$ | 2200 | 1800 | 13 | $37.4334^g$ |
| *2* | 1000 | 1800 | 26 | $100.00^g$ | 2200 | 1600 | 10 | $37.4334^g$ |
| *3* | 1000 | 1600 | 29 | $150.00^g$ | 2200 | 1800 | 15 | $100.00^g$ |
| *4* | 1000 | 1600 | 30 | $75.00^g$ | 2200 | 1800 | 10 | $37.4334^g$ |
| *5* | 1000 | 1700 | 31 | $75.00^g$ | 2200 | 1700 | 15 | $100.00^g$ |
| *6* | 1000 | 1400 | 38 | $75.00^g$ | 2000 | 1800 | 30 | $10.0487^g$ |
| *7* | 1000 | 1400 | 34 | $135.00^g$ | 2000 | 1800 | 28 | $31.0889^g$ |
| *8* | 1200 | 1000 | 26 | $100.00^g$ | 2200 | 1800 | 15 | $100.00^g$ |
| *9* | 1000 | 1800 | 26 | $129.5167^g$ | 2200 | 1800 | 29 | $50.00^g$ |
| *10* | 1000 | 1400 | 37 | $50.00^g$ | 2200 | 1800 | 32 | $50.00^g$ |
| *11* | 2000 | 1800 | 13 | $200.00^g$ | 1200 | 1800 | 31 | $362.5666^g$ |
| *12* | 2200 | 1700 | 10 | $300.00^g$ | 1000 | 1400 | 26 | $330.1701^g$ |
| *13* | 2200 | 1600 | 15 | $320.4833^g$ | 1000 | 1200 | 29 | $307.8767^g$ |
| *14* | 2000 | 1800 | 10 | $220.4833^g$ | 1000 | 1600 | 30 | $362.81^g$ |
| *15* | 1000 | 1800 | 31 | $150.00^g$ | 2200 | 1600 | 15 | $50.00^g$ |
| *16* | 2000 | 1800 | 30 | $170.4833^g$ | 1200 | 1000 | 28 | $250.00^g$ |
| *17* | 1000 | 1600 | 34 | $100.00^g$ | 2000 | 1600 | 28 | $50.00^g$ |
| *18* | 1000 | 1700 | 26 | $84.4042^g$ | 2200 | 1400 | 15 | $76.2850^g$ |
| *19* | 1000 | 1700 | 26 | $157.0447^g$ | 2200 | 1200 | 5 | $129.5167^g$ |
| *20* | 1000 | 1200 | 37 | $24.3888^g$ | 2200 | 1700 | 13 | $53.6589^g$ |
| *21* | 1200 | 1400 | 30 | $50.00^g$ | 2200 | 1200 | 3 | $170.4833^g$ |
| *22* | 1000 | 1300 | 40 | $59.0335^g$ | 2200 | 1800 | 12 | $42.9553^g$ |
| *23* | 1000 | 1700 | 31 | $115.5959^g$ | 2200 | 1600 | 9 | $61.2322^g$ |
| *24* | 1000 | 12000 | 37 | $100.00^g$ | 2200 | 1800 | 12 | $100.00^g$ |
| *25* | 1000 | 1500 | 36 | $50.00^g$ | 2200 | 1500 | 5 | $68.9131^g$ |
| *26* | 1000 | 1500 | 38 | $100.00^g$ | 2200 | 1400 | 1 | $124.2238^g$ |

Nota:

El trabajo se entregará en un CD que contenga los archivos de Autocad, de MDT y de Excel con las mediciones. Además se entregarán los planos en papel a la escala adecuada.

**Resolución del ejercicio para un caso concreto:**

A= (1000.00; 1800.00; 22.00)
B= (2200.00; 1800.00; 15.00)
$\vartheta_A$=100.00$^g$
$\vartheta_B$=37.4334$^g$

1º) Ejecutamos el programa MDT 4.0. Se abre la versión 2002 de Autocad-Map. Dentro, tenemos un menú que corresponde al MDT. El programa funciona como un Autocad normal, pero que tiene una serie de funciones adicionales relacionadas con la topografía y el diseño de viales, explanadas, etc. que no vamos a utilizar. Nos centraremos en las opciones del menú MDT, que está ubicado en último lugar.

Abrimos el fichero de autocad "planta.dwg" que tiene las curvas de nivel de un terreno accidentado que nos servirá de ejemplo.

Nuestro fichero tiene unas curvas de nivel con cota (las curvas no están en el plano Z=0, sino que cada una está en un plano igual a la cota que representan) y unos puntos también con cota. Las curvas de nivel están todas en la capa "curvas-nivel" y los puntos en la capa "puntos".

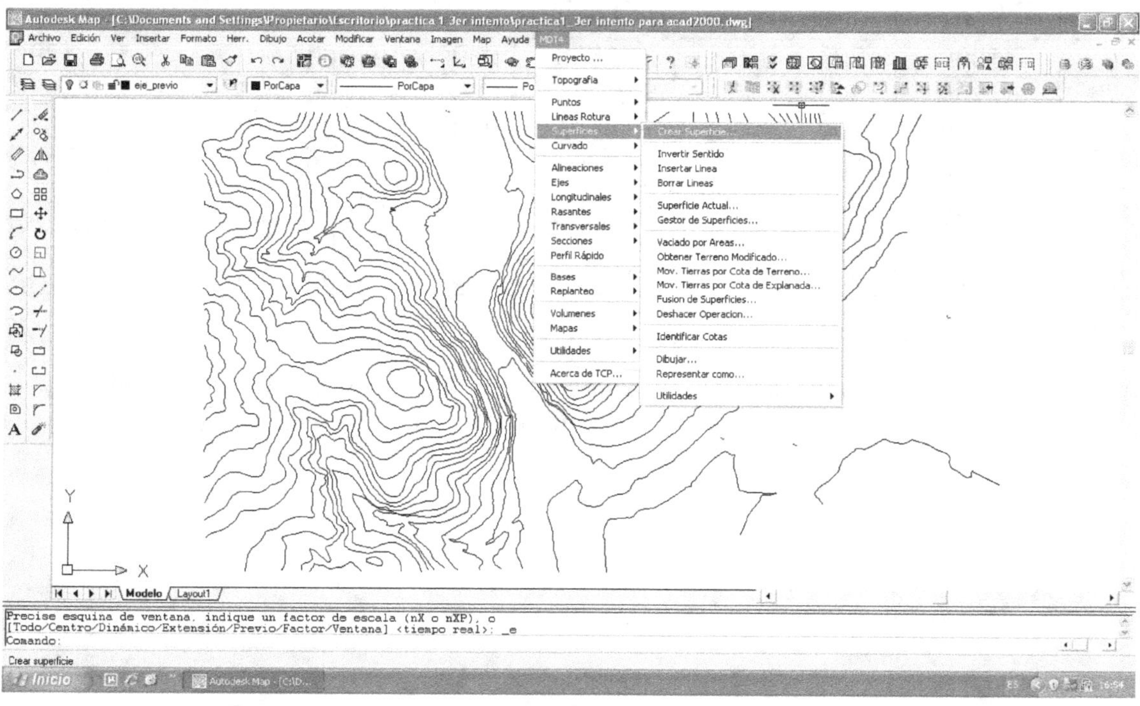

2º) Vamos a importar los datos de las curvas de nivel para realizar el MDT (modelo digital del terreno) con el que trabajar. En el programa, a los modelos digitales del terreno las llaman "superficies". Para obtener dichas superficies tridimensionales formadas por triángulos, necesita datos. Los datos serán puntos en 3D, líneas y polilíneas en 3D, y líneas de rotura en 3D. Esos datos provendrán de un levantamiento del terreno que hayamos hecho, una cartografía realizada a partir de foto aérea, etc.

El programa no identifica los puntos del dibujo "planta.dwg" como puntos con los que pueda trabajar, así que tenemos que realizar una importación de datos. Este primer paso se realiza con la orden "puntos-convertir-entidades de dibujo". Seleccionaremos solamente elementos tipo punto de la capa "PUNTOS" del dibujo, con el código "1-Relleno".

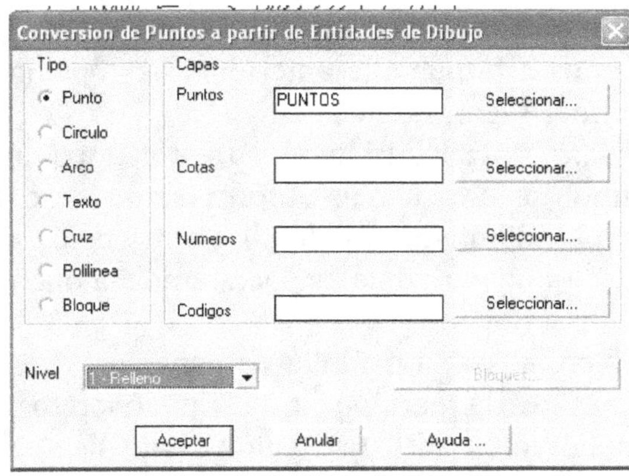

Tras aceptar, el programa nos informará de la cantidad de puntos que ha importado del dibujo.

Podríamos hacer algo parecido para tomar la información de las curvas de nivel y transformarla en una nube de puntos, pero no será necesario. A continuación, vamos a ir directamente a crear el modelo 3D a partir de los datos que tenemos.

En el menú flotante de MDT elegimos "Superficies-Crear superficie". Nos piden un nombre de archivo en el que guardarla. Vamos a crear un archivo llamado "superficie1.SUP" en el mismo directorio en el que tengamos el archivo:"planta.dwg".

Una vez escrito el nombre del archivo, aparece una pantalla con opciones para la generación de la superficie a partir de los datos que tengamos. Primero vamos a seleccionar en la zona "elementos a triangular" las casillas "puntos" y "curvas de nivel" pues son esos los datos de los que disponemos en el archivo. Tendremos que pulsar en ambos casos el botón "seleccionar...".

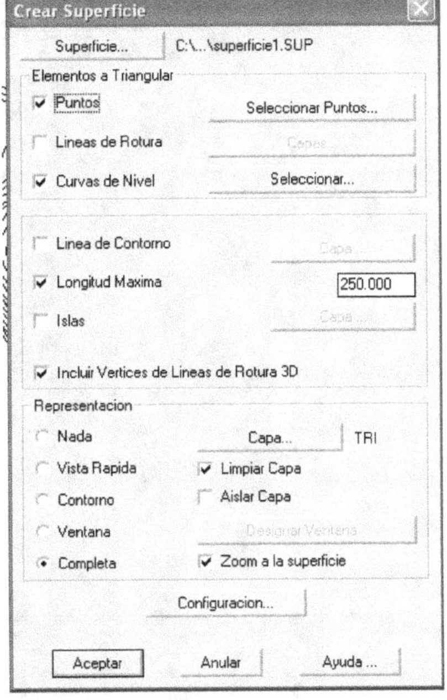
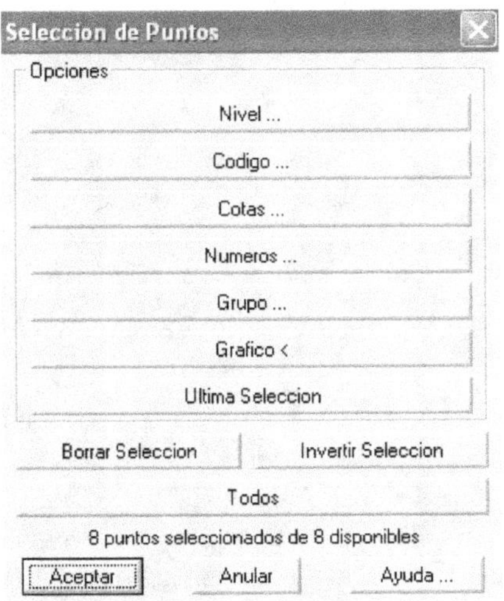

Al seleccionar los puntos, presionaremos el botón "todos".

Al seleccionar las curvas de nivel, podemos elegir seleccionarlas una a una pinchando en el dibujo, o escoger la capa en la que están y seleccionarlas todas de golpe. Haremos esto último: Nos aparece una pantalla donde tenemos en una columna todas las capas, y con los botones del centro podemos seleccionar la capa "curvas-nivel" donde están mis datos. Al aceptar, volvemos a la pantalla anterior. Las "opciones de creación" que se nos presentan son, en primer lugar, la distancia entre puntos de las curvas de nivel que va a tomar el programa para hacer los triángulos (si ponemos un número muy pequeño, el mallado será muy fino, se creará más información y eso ralentizará el trabajo). Podemos dejar, por ejemplo, 20m entre puntos. La otra opción es si vamos a permitir o no que puedan existir triángulos horizontales. Dejaremos la opción sin marcar.

Una vez aceptemos, volveremos a la pantalla de generación de superficies. Ahora nos fijaremos en las opciones de la parte central. En concreto, marcaremos la casilla "longitud máxima" y pondremos 250. Ese valor es la distancia máxima a la que el programa busca puntos contiguos para formar triángulos.

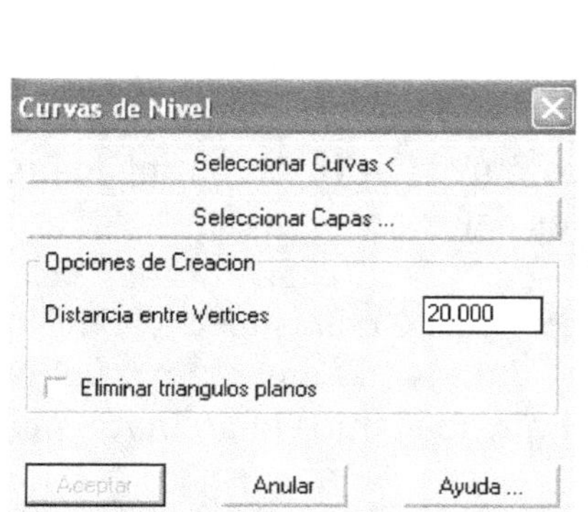
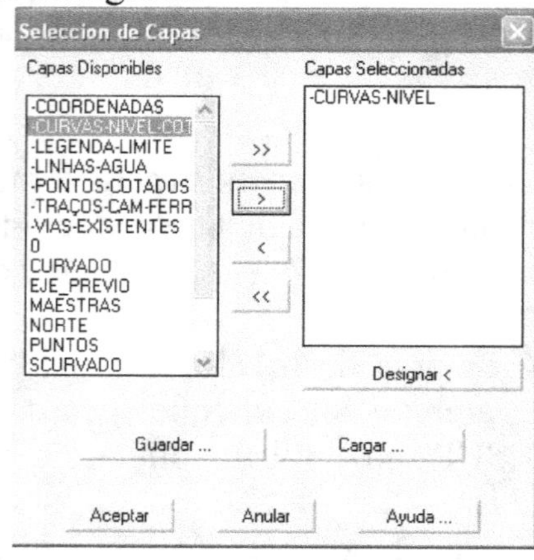

Ya podemos apretar el botón "aceptar". Si todo va bien, el programa nos ha generado una malla de triángulos-3D en una capa llamada "TRI" (el nombre de la capa se podía cambiar en la pantalla anterior).

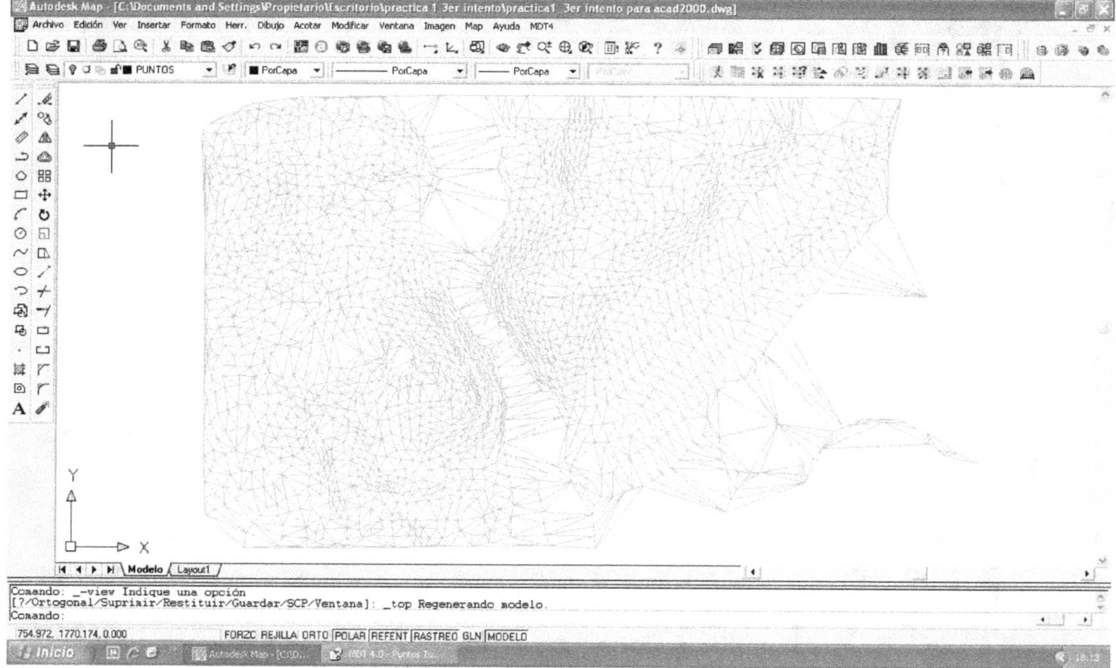

A partir de la superficie se pueden generar, mediante las distintas órdenes del sub-menú "curvado" las curvas de nivel de dicha superficie. En nuestro ejemplo, como ya las tenemos, porque son nuestros datos de partida, omitiremos estos pasos.

3°) A continuación vamos a definir el trazado en planta del eje de nuestra carretera. Para ello en primer lugar dibujaremos en Autocad la poligonal de las alineaciones el eje de la planta. Procederemos como sigue: Nos crearemos una capa para dibujar el eje en planta cuyo nombre no deje lugar a dudas, por ejemplo "ejeplantaprovisional".

Dibujamos una línea de una longitud arbitraria, p.ej. 500m, que parta del punto A (1000.00; 1800.00; 0) con el azimut $\vartheta_A=100.00^g$ y del mismo modo procedemos con B (2200.00; 1800.00; 0), teniendo en cuenta que la recta tendrá un azimut $\vartheta_B+200^g=237.4334^g$. Recordemos que para trabajar en grados centesimales desde el norte en Autocad hemos de ir al menú "formato-unidades" y allí elegir "ángulo en grados decimales/precisión 0.0000/sentido horario" y luego en el submenú "dirección…" elegir el norte como origen de ángulos.

A continuación dibujaremos una alineación intermedia donde nos parezca, de modo que intersecte a ambas rectas en la zona de trabajo. Así ya hemos definido los vértices de las alineaciones en planta.

A partir de dichas alineaciones vamos a utilizar el sub-menú "alineaciones" para definir las alineaciones del eje de la carretera. En primer lugar introduciremos las tres rectas. Usaremos "alineaciones-recta-recta aislada", introduciendo segmentos rectos por orden. En la pantalla de introducción pinchando en las flechitas de la derecha nos deja acceder al dibujo para elegir el punto inicial, otro punto de la alineación para obtener el azimut, y luego pondremos una longitud cualquiera (500m, por ejemplo), ya que luego uniremos las alineaciones rectas por medio del comando "chaflán" de Autocad (en el comando chaflán habremos puesto que las dos distancias del chaflán serán nulas. Eso se hace ejecutando la orden "chaflán", y escribiendo "d" de distancia y luego dándole dos veces el valor cero "0" a las dos distancias).

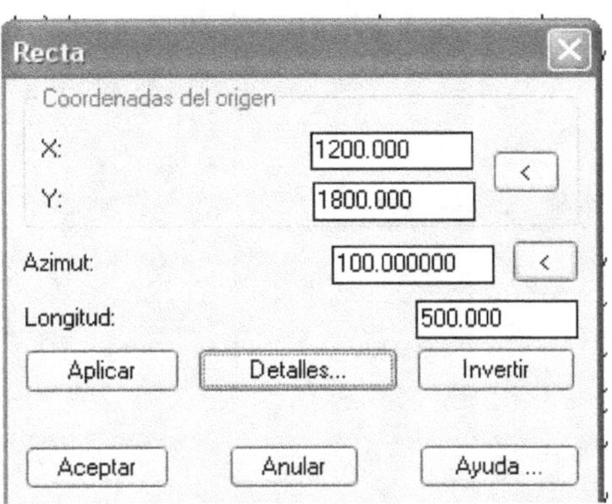


Una vez tengamos las tres rectas definidas con la orden de MDT y unidas entre sí con la orden "chaflán" de Autocad, procedemos a enlazarlas por medio de curvas circulares con clotoides simétricas. Usaremos la orden "Alineaciones-clotoides- clotoide-curva-clotoide entre rectas". Mirando en la tabla 4.4. de la instrucción obtenemos el radio mínimo para Vp=60km/h. Es R=130m. La primera curva la haremos con R=130m y la segunda, con R=200m. Cada vez nos pedirá que seleccionemos las dos rectas a unir (por orden), el valor del radio y el del parámetro de las clotoides. ¿Cuál ha de ser el valor del parámetro? Podemos haberlo calculado a partir de lo visto en clase, según los mínimos y máximos que dicta la 3.1-I.C. En principio, vamos a introducir uno provisionalmente, cuidando de que no sea disparatado. Por ejemplo, introduciremos valores de A=50m en las dos clotoides de ambas curvas.

Para modificar los radios y parámetros lo haremos con la instrucción "alineaciones-editar" y seleccionaremos la primera alineación del eje. Nos aparecerá un cuadro con el listado de alineaciones. Podemos editar las alineaciones de dicho listado, lo cual cambiará después el trazado del eje, apretando el botón editar en ese cuadro de diálogo, cuando tengamos seleccionada en el listado una alineación. Nos aparece una pantalla con las características de esa alineación. Si seleccionamos una curva, podremos modificar su radio, y además, presionando los puntos suspensivos "…" de la parte derecha, cambia la apariencia de dicha pantalla, y nos permite ir a la alineación siguiente o a la anterior, y podemos modificar los valores de las clotoides asociadas a esa curva circular. Hay un botón: "Parámetros de la instrucción", que los calculará directamente cuál es el parámetro mínimo de la clotoide que hay que introducir, y lo cambiará en dicha clotoide. Los parámetros finales son A=90m y A=130m.

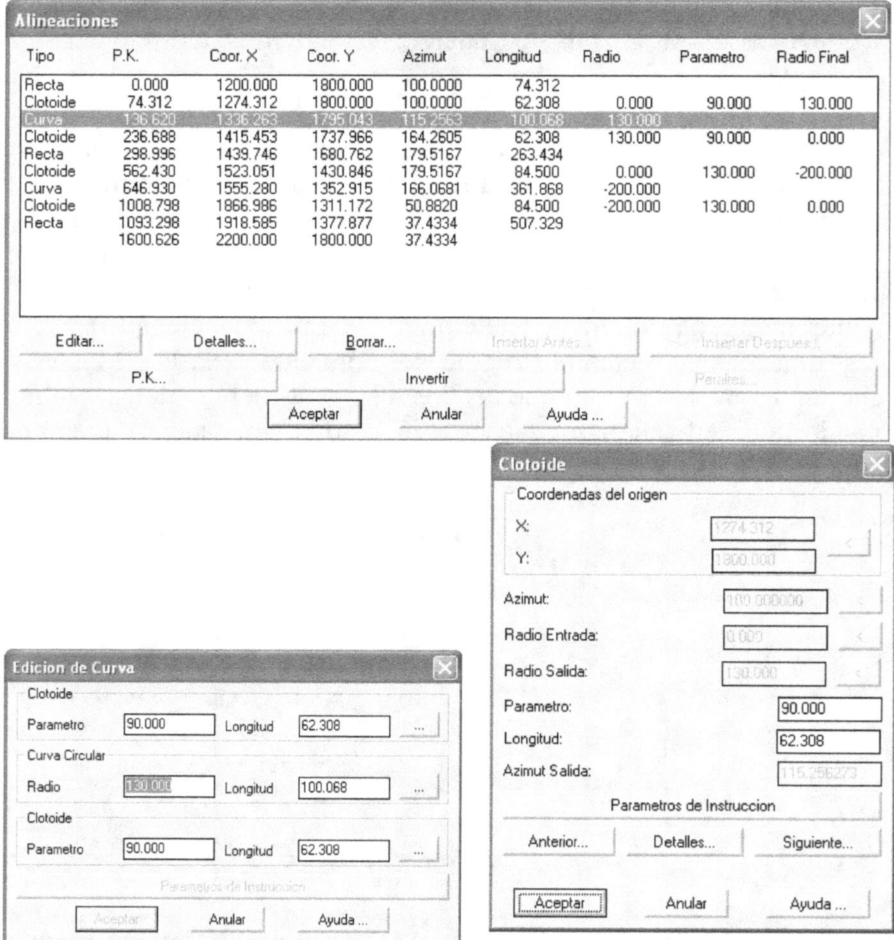



| Tipo | P.K. | Coor. X | Coor. Y | Azimut | Longitud | Radio | Parametro | Radio Final |
|---|---|---|---|---|---|---|---|---|
| Recta | 0.000 | 1200.000 | 1800.000 | 100.0000 | 74.312 | | | |
| Clotoide | 74.312 | 1274.312 | 1800.000 | 100.0000 | 62.308 | 0.000 | 90.000 | 130.000 |
| Curva | 136.620 | 1336.263 | 1795.043 | 115.2563 | 100.068 | 130.000 | | |
| Clotoide | 236.688 | 1415.453 | 1737.966 | 164.2605 | 62.308 | 130.000 | 90.000 | 0.000 |
| Recta | 298.996 | 1439.746 | 1680.762 | 179.5167 | 263.434 | | | |
| Clotoide | 562.430 | 1523.051 | 1430.846 | 179.5167 | 84.500 | 0.000 | 130.000 | -200.000 |
| Curva | 646.930 | 1555.280 | 1352.915 | 166.0681 | 361.868 | -200.000 | | |
| Clotoide | 1008.798 | 1866.986 | 1311.172 | 50.8820 | 84.500 | -200.000 | 130.000 | 0.000 |
| Recta | 1093.298 | 1918.585 | 1377.877 | 37.4334 | 507.329 | | | |
| | 1600.626 | 2200.000 | 1800.000 | 37.4334 | | | | |



Después, hemos de comprobar que cumplimos los criterios de la 3.1-IC de longitudes, ángulos, etc. para rectas y curvas.

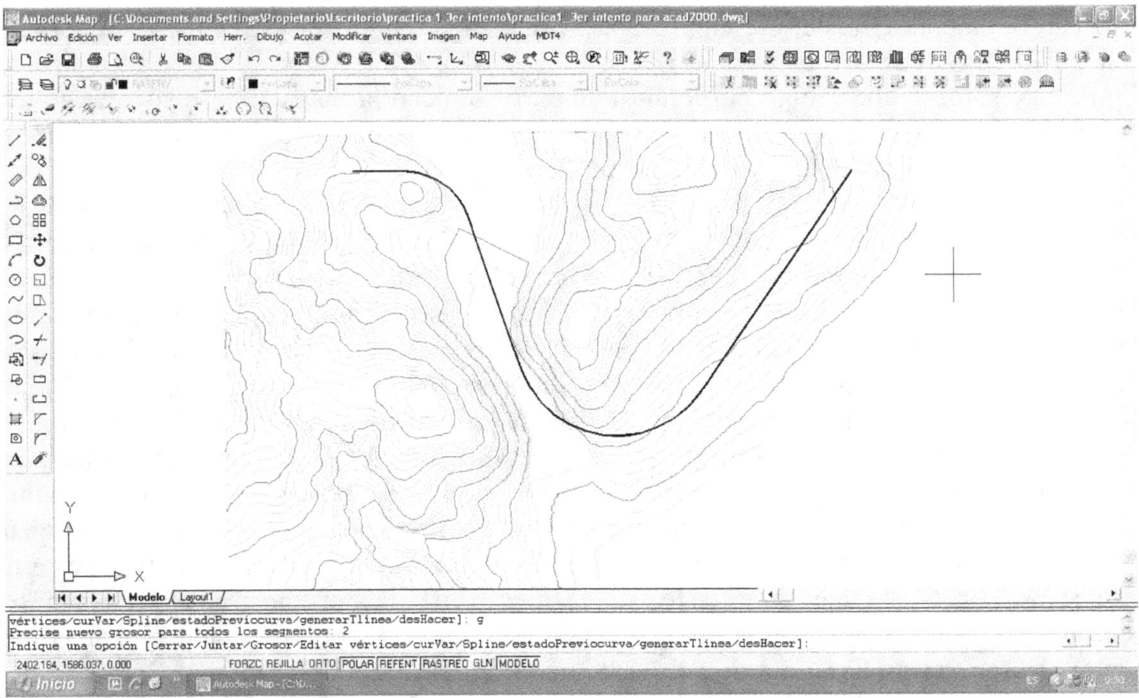

El siguiente paso es convertir ese conjunto de alineaciones, que están unidas entre sí, en un eje. Para ello usamos la orden "alineaciones-convertir a eje". Una vez seleccionamos el conjunto de alineaciones, aparece un cuadro que nos pide la velocidad de proyecto (Vp=60km/h), el tipo de carretera (tipo 2) y si vamos a exportar tras convertir. Seleccionaremos que sí. Aceptamos, y entonces nos preguntará cómo queremos que se llame el archivo en el que dejaremos los datos del eje (por ejemplo "eje_n°1.EJE").

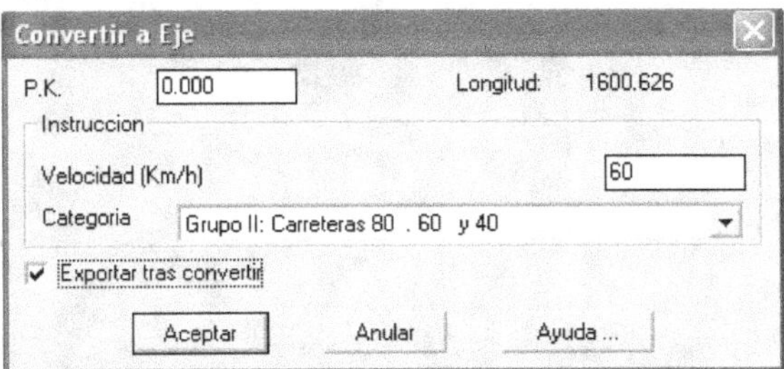

Ya tenemos el eje de nuestra carretera. Para adelantar trabajo, podemos generar los sobreanchos y los peraltes relacionados con el eje que hemos definido.

Para generar los sobreanchos no hay más que ordenar: **"ejes-sobreanchos-generar sobreanchos"**. Nos preguntará el nombre que queremos dar al archivo generado, por ejemplo "sobreanchos_1.sob".

Para los peraltes, primero haremos: **"ejes-peraltes-tabla de peraltes"** y entonces elegiremos el archivo "ES-31IC-2.DAT" que contiene la secuencia de peraltes para carreteras del tipo 2 según la 3.1.-I.C. A continuación usaremos **"ejes-peraltes-generar peraltes"** para generar los peraltes de nuestro eje. Para ello nos pide cuál es el eje al que irán asociados los peraltes, que señalaremos en pantalla o seleccionaremos su nombre de archivo. A continuación nos pedirá el nombre de archivo en el que guardar dicho listado de peraltes, que podemos llamar "peraltes_1.per".

4º) Ahora calcularemos el eje en alzado. Se realiza en cuatro fases. Primero se obtiene un perfil longitudinal del terreno. Después, se dibuja en Autocad. Seguidamente se introduce sobre dicho dibujo del longitudinal de Autocad la rasante, pero solamente los vértices, sin acuerdos. Finalmente, se introducen los acuerdos y se exporta a un archivo. Veamos todo el proceso de forma detallada.

Para ello comenzaremos eligiendo la opción de MDT "**Longitudinales-Obtener perfil**". Primero nos pide que seleccionemos el eje, lo cual podemos hacer pinchando el eje en Autocad o seleccionando el fichero, en cuyo caso se abre una pantalla para que lo busquemos en nuestro sistema de archivos, en nuestro caso sería el archivo: "eje_nº1.EJE". Una vez seleccionado el eje, se abre el subprograma en el que introduciremos las características para el cálculo del perfil longitudinal del terreno. En la parte superior tenemos la superficie 3D de la que toma los datos, que será en nuestro caso la "Superficie1.SUP", pero que si tuviéramos varias creadas, podríamos elegir entre ellas. También podemos cambiar el nombre del fichero en el que se van a grabar los datos, que por defecto se llama "Superficie1.lon". La casilla origen nos permite elegir de una forma más amplia los datos de partida del terreno. Si la presionamos entramos en un cuadro de opciones que nos permite, por ejemplo, seleccionar como datos del terreno un conjunto de curvas de nivel, etc., en lugar de las superficies 3D del modelo digital creado, en la opción de lista de capas. No nos hace falta escoger así los datos, así que pasaremos a seleccionar las opciones en la zona "muestreo". Elegiremos "puntos singulares" y en "intervalo" pondremos 20m. Así, el longitudinal solamente me dibujará cortes del terreno en el punto inicial, en el final, en los puntos singulares en planta, y cada 20m. El resto de opciones las dejo como están por defecto.

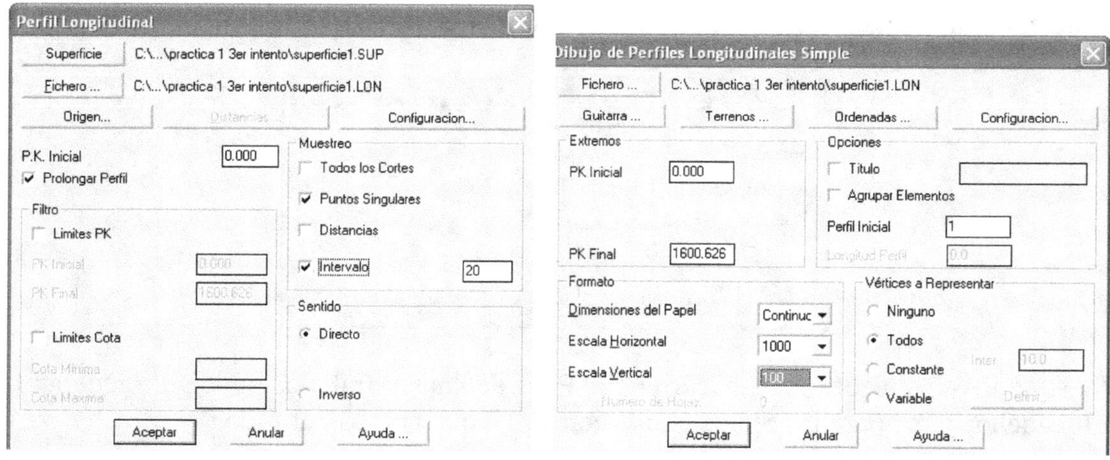

Cuando le damos a "aceptar", aparentemente no pasa nada, pero sí pasa, el programa ha creado el archivo del longitudinal con el nombre que dijimos que dejábamos por defecto, el "superficie1.lon". El siguiente paso es dibujarlo en Autocad, y lo haremos con la opción "**longitudinales-dibujar perfil simple**". Se nos abre un menú lleno de opciones para dibujar el perfil longitudinal. De él solamente vamos a cambiar la escala vertical, que siempre pondremos 10 veces mayor que la horizontal, para resaltar el perfil. Damos a "aceptar" y entonces hemos de elegir con el puntero del ratón en qué punto del espacio modelo de Autocad nos pega el dibujo del longitudinal. Elegiremos un emplazamiento bien alejado del dibujo de la planta, y que no moleste. Y ya tenemos el perfil longitudinal del terreno dibujado. Pero en él no aparece la rasante de la carretera, porque aún no la hemos definido. Será ese el próximo paso.

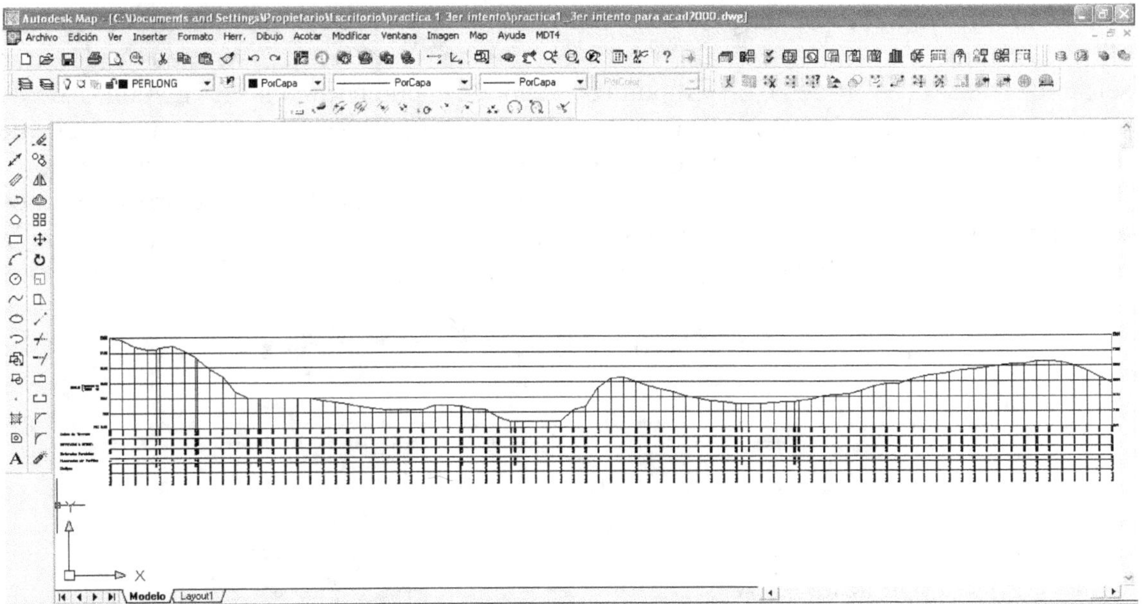

El programa tiene varios modos de introducción de la rasante de la carretera, pero el que usaremos es una opción que funciona dibujando sobre el perfil longitudinal que acabamos de crear. Seleccionaremos: **"Rasante-Definir rasante"**. El programa nos pedirá que seleccionemos en el dibujo la polilínea quebrada que representa el terreno en el perfil longitudinal que acabamos de dibujar (en realidad, en uno que tengamos dibujado en el archivo de Autocad que esté abierto, y en el que queramos encajar una rasante). Una vez seleccionado el terreno, hay varias opciones de introducción de la rasante:

- Entrada gráfica.
- PK-Cota.
- Dist-Pend

Lo más normal es, o bien hacerlo por entrada gráfica, o bien por PK-Cota. Con la última opción nos pedirá que vayamos introduciendo los PK y las cotas de los distintos vértices de la rasante. Es más preciso que hacerlo de forma gráfica, pero como luego podremos editar la rasante, tampoco hay ningún problema en utilizar la primera opción. Vamos a usar la opción de PK-Cota únicamente porque es la más sencilla de explicar.

En el enunciado solamente nos piden que la rasante tenga tres alineaciones. Es decir, que tengamos un vértice inicial en A, que tendrá PK0+000 (cota $Z_A$=22m según el enunciado), dos vértices intermedios a determinar bajo nuestro criterio, y un vértice final en el PK final, (cota 15m según el enunciado). Los dos puntos intermedios tendrán que estar colocados estratégicamente para que las pendientes sean aceptables y los tramos entre vértices también. Vamos a poner un vértice V2 en el P.K.0+400, con cota 10, y un vértice V3 en el P.K.0+800, con cota 6. Para saber el PK del punto final, bastará con consultarlo con "ejes-listar eje", pinchando en la polilínea del eje.

Así que seleccionamos: **"Rasante-Definir rasante"**, escribimos "pkc" y pulsamos enter, y el programa nos irá pidiendo los pk y cota de los distintos vértices. Para el primer vértice escribimos "i", punto inicial, al que damos la cota 22. Luego escribimos 400, y cuando nos pide la cota, le damos cota 10, luego escribimos 800, y damos cota 6, y seguidamente escribimos "f" para el punto final, y le damos la cota 15. Para salir le damos dos veces a enter. Ya tenemos los vértices y rasantes rectas de nuestro trazado en alzado dibujadas sobre el longitudinal. Pero nos faltan los acuerdos parabólicos. Para ello pulsamos "**rasantes-editar rasante-acuerdo vertical…**" y nos pide que seleccionemos un vértice. Con el puntero del ratón pincharemos en un punto de la rasante que hemos dibujado, cerca del segundo vértice. Aparece un cuadro en el que disponemos de toda la información de la conexión entre las alineaciones en alzado, y podemos desplazarnos de vértice a vértice con las flechitas de la parte de arriba. Vamos a dar Kv=10.000m en las dos parábolas, que es un valor redondo y mayor que el que la norma llama deseable (lo cual es perfectamente correcto).

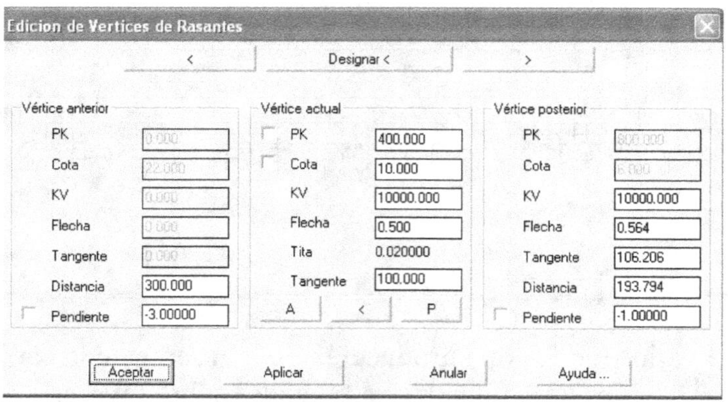

Una vez esté terminada la rasante, para guardarla en un archivo hay que usar "**rasante-exportar**", así nos pide que seleccionemos en el dibujo la rasante, y luego nos pide el nombre del archivo, al que llamaremos "rasante1.ras".

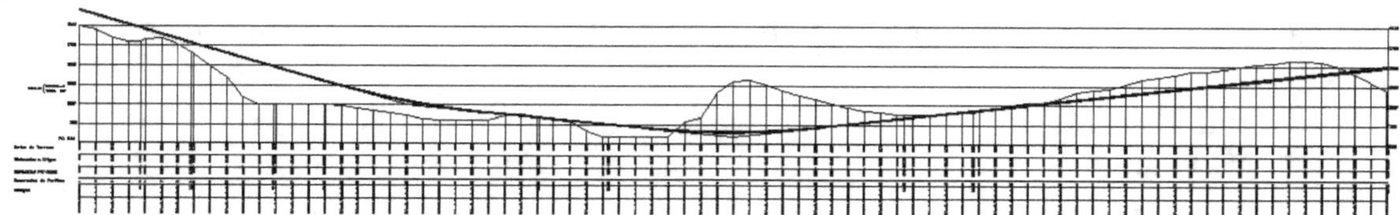

5º) Ahora realizaremos un paso intermedio, que podríamos saltarnos, y que es ir al módulo de trasversales y elegir "**trasversales-obtener perfiles**", lo que generará una familia de perfiles trasversales en los que únicamente se representa el terreno.

Lo primero que hace es pedirnos el eje del que vamos a obtener los trasversales. Una vez elegido por pantalla o por fichero, aparece un cuadro de diálogo en el que podemos cambiar el origen de los datos del terreno, como cuando hicimos el perfil longitudinal, y cambiar el nombre del archivo en el que guardará los perfiles, por ejemplo, "terreno.tra". Aquí lo importante es que vamos a poner que la longitud de los perfiles sea de 30m por cada lado, y que genere los perfiles en los puntos singulares y cada 20n. De forma automática el programa dibujará en la planta unas líneas cada 20m y en los puntos singulares de 30m por cada lado. Eso no nos sirve para nada. Si queremos ver los perfiles trasversales generados, nos toca ejecutar "**Trasversales-dibujar perfiles**". Nos pide entonces el nombre del fichero de extensión ".tra" que vamos a dibujar y una vez seleccionado, nos pide el punto del archivo de Autocad en el que queremos que empiece a dibujarlo. Todo esto no es muy útil en sí mismo, porque lo que nos interesará son los perfiles del terreno con la carretera. Pero para eso, primero hay que introducir en el programa los parámetros de la sección-tipo, que será el próximo apartado.

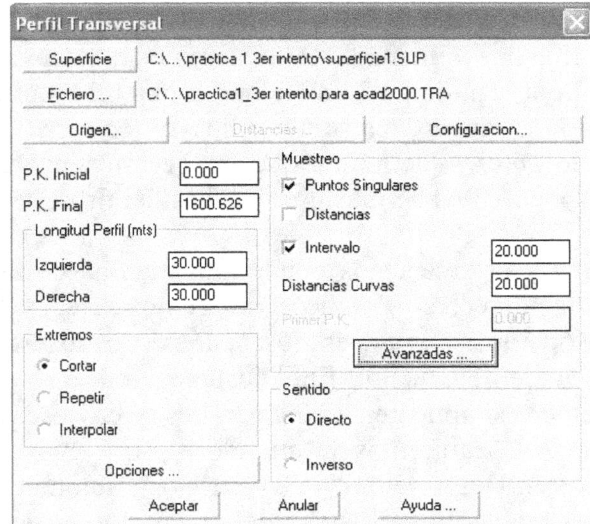

6°) A continuación hemos de definir la sección-tipo de la carretera. Para ello hemos de tener en cuenta que el firme: sección 3111 de la 6.1-I.C., que consta de 20cm de MBC y 40cm de zahorras artificiales, es decir, un paquete de firme de 60cm, por lo que la explanada estará a -0.60m de la rasante. Además hemos de tener en cuenta el diseño geométrico de la sección tipo según el enunciado.

Para introducir todos los datos, abriremos "secciones-Definición de secciones tipo". Lo primero que nos pide es un nombre para el fichero, por ejemplo "sección tipo 1.scc". Entonces, se abre un subprograma en el que vamos a ir introduciendo las características de la sección tipo: plataforma (carriles, arcenes, bermas, medianas, y se podría intentar adaptar para hacer bordillos y aceras); firme, con sus capas, materiales y espesores; cunetas; taludes de desmonte y taludes de terraplén. Finalmente, en el botón "asignaciones" lo que haremos será decir entre qué PK va una serie de características y entre qué PK va otra. Eso es útil para introducir varias secciones tipo diferentes a lo largo de la traza, pero nosotros sólo vamos a tener una sección tipo, y la asignación será muy sencilla.

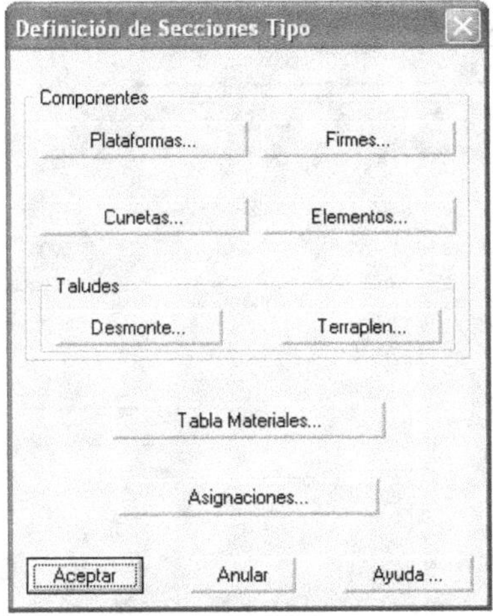

Sólo una recomendación. Como la introducción de datos se puede hacer un poco larga, es aconsejable que grabemos lo que vayamos haciendo, y eso se consigue dándole a "Aceptar" en la pantalla de "definición de Secciones Tipo".

Comencemos. Pinchamos en "plataformas...". Seleccionando la opción "nueva", crearemos una plataforma nueva llamada "3". Queremos que tenga el eje en el centro de la sección, con 1 carril por sentido de 3.5m en horizontal (el bombeo o los peraltes se le dan luego a la sección); asimismo, los sobreanchos de los carriles se calculan aparte y ya los hemos generado antes. Querremos que la sección tenga arcenes exteriores de 1.5m de ancho. No dispondremos bermas. Los taludes del firme serán 2:1.

Para introducir el carril y el arcén, nos pondremos encima de la palabra "Eje" en el cuadro inferior de la derecha. Entonces podremos elegir "Insertar siguiente". Seleccionamos dicha opción, y entonces nos aparece un cuadro en el que podemos elegir las dimensiones del elemento: En "Distancia en X", pondremos 3.5m, no pondremos pendiente, pero sí aplicaremos los peraltes, y en descripción diremos que es el Carril 1. Aceptamos, y seguiremos insertando el siguiente elemento, que será el arcén. Si seleccionamos en Descripción "arcén exterior", automáticamente nos elige las opciones, y sólo hemos de cambiar el ancho del arcén, que es de 1.5m. Finalmente, le damos al botón "Simetría", y entonces se dibujan automáticamente el otro carril y el otro arcén. Aceptamos.

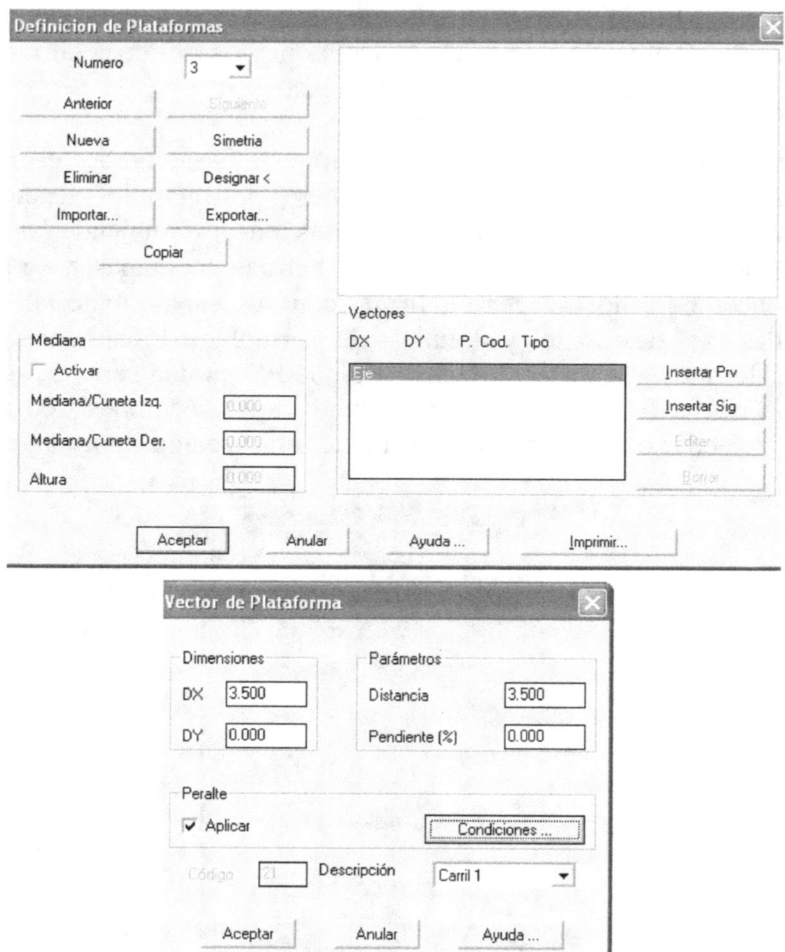

A continuación vamos a "firmes". Con "nueva" creamos la sección de firme "3". En espesor, pondremos 0.6m, en taludes pondremos un "2" en las dos casillas. La parte de "refuerzos y ensanches" no nos sirve para nada en nuestro ejercicio, así que la pasaremos por alto. Dejaremos la opción de "pendiente de subrasante paralela", que es la que está por defecto. Nos queda apretar a "capas". Cuando seleccionemos dicha opción, primeramente se nos preguntará el número de capas que tiene nuestro paquete de firmes, y a continuación nos aparecerá una ventana nueva llena de opciones para definir cada una de las capas del firme con todo lujo de detalles. En el enunciado del ejercicio no se nos exige tanto, pero vamos a aprovechar que la introducción de los datos es sencilla, para ir un poco más allá. Vamos a introducir la sección del firme según el siguiente detalle:

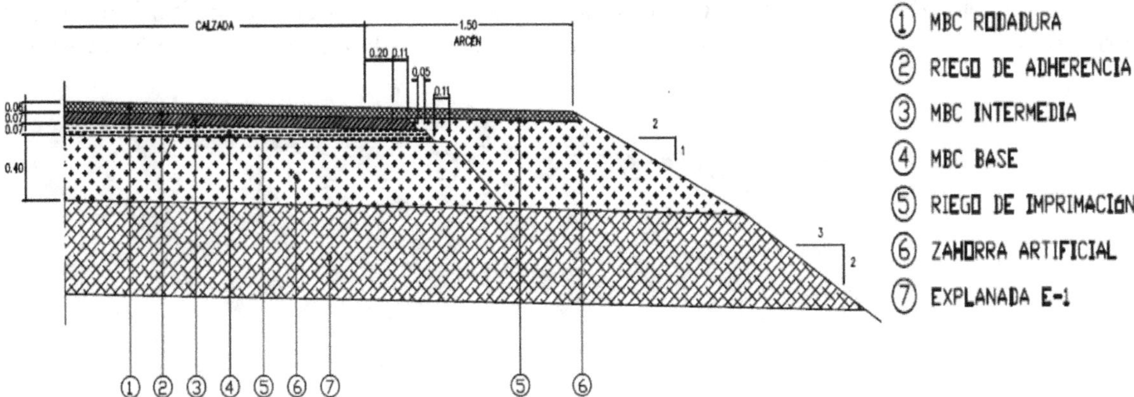


Copiaremos los datos de la siguiente imagen. Como vemos, podemos seleccionar el tipo de material pinchando en el nombre del material en la columna "material". Podemos cambiar los espesores para que sean los de la imagen. El programa, no se sabe porqué, se atasca a la hora de introducir los espesores, pero se le puede engañar, volviendo a la pantalla anterior, dándole un espesor total de firme de 0.61m en lugar de 0.60m, y luego cambiando los espesores para que salgan los 60cm de espesor total. En cuanto a los solapes, para las capas intermedia y base bituminosa elegiremos "tipo de solape-Distancia" y las distancias serán de 0.31m y de 0.43m, siendo los materiales de solape las zahorras artificiales. Finalmente aceptaremos 2 veces.

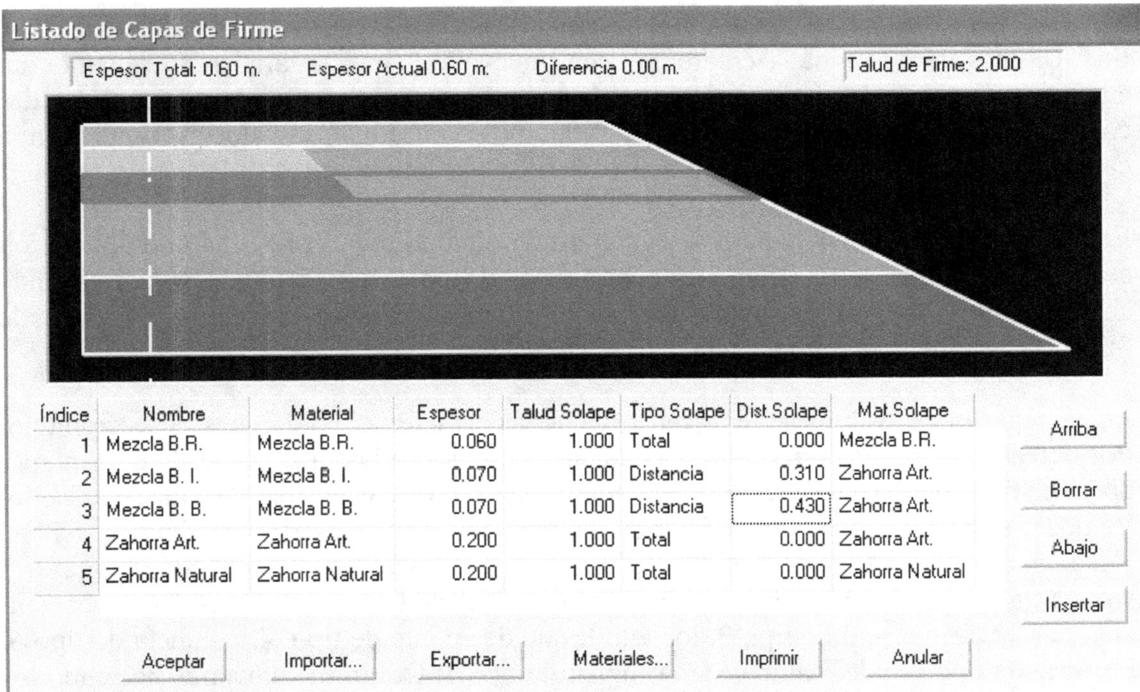


| Índice | Nombre | Material | Espesor | Talud Solape | Tipo Solape | Dist.Solape | Mat.Solape | |
|---|---|---|---|---|---|---|---|---|
| 1 | Mezcla B.R. | Mezcla B.R. | 0.060 | 1.000 | Total | 0.000 | Mezcla B.R. | Arriba |
| 2 | Mezcla B. I. | Mezcla B. I. | 0.070 | 1.000 | Distancia | 0.310 | Zahorra Art. | Borrar |
| 3 | Mezcla B. B. | Mezcla B. B. | 0.070 | 1.000 | Distancia | 0.430 | Zahorra Art. | |
| 4 | Zahorra Art. | Zahorra Art. | 0.200 | 1.000 | Total | 0.000 | Zahorra Art. | Abajo |
| 5 | Zahorra Natural | Zahorra Natural | 0.200 | 1.000 | Total | 0.000 | Zahorra Natural | Insertar |

El siguiente paso es definir la cuneta. Elegimos la opción "cunetas" y con "nueva", creamos la cuneta tipo "6". Definiremos la cuneta en forma de artesa que nos pide el enunciado, yendo al cuadro en blanco de la parte inferior derecha. Elegimos "insertar siguiente", y nos pide DX y DY. Escribo DX= 1, DY= -1. Vuelvo a "insertar siguiente" y le doy DX=1, DY=0. Por último, vuelvo a dar "insertar siguiente" y le doy DX=1, DY=1. Si el programa se ha vuelto un poco loco y no dibuja correctamente la sección en artesa, y no tiene las tres líneas cómo se las introdujimos, podemos "Editar" las líneas, volviendo a introducir los segmentos, y es de esperar que la cuneta quede bien definida. Aceptamos.

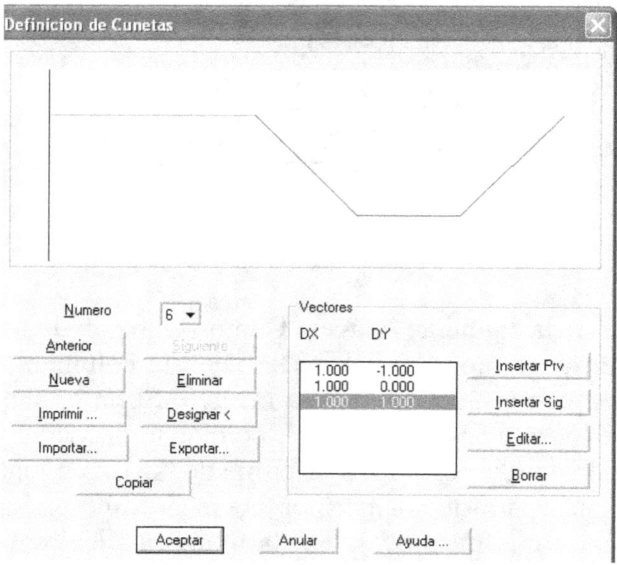

La opción "elementos...", que es para introducir medianas, no la usaremos en este ejercicio. Pasamos a la siguiente.

En "Taludes de desmonte", crearemos con "nueva" el tipo de talud nº4. Tenemos un cuadro en el que podemos introducir geometrías de los taludes complejas, como taludes con bermas intermedias, etc. Pero nos limitaremos a introducir el valor del talud 1 en la casilla inferior izquierda, y presionaremos la tecla "aceptar".

En "taludes de terraplén" tenemos un cuadro de diálogo muy semejante al de la opción anterior. En este caso, nos damos cuenta de que el tipo 1, que ya existe, se corresponde con nuestro caso (véase que en la casilla inferior izquierda tenemos un valor de 3:2=1.5), así que no haremos nada.

En "asignaciones" vamos a elegir cada una de las características de nuestra sección tipo. Por defecto, tendremos que todas las características serán las mismas desde el principio hasta el final de la carretera. Pero hemos de seleccionar cada una de ellas. Para ello, iremos seleccionando los distintos elementos en sus respectivas casillas, seleccionaremos en la parte derecha de la pantalla, la línea de texto que pone "Final ..." y dando a "Editar". Entonces, cambiaremos cada una de las características de la sección: Así, la plataforma será de tipo 3, los taludes de desmonte de tipo 4, la cuneta de tipo 6, el firme de tipo 3, y los taludes de terraplén de tipo 1. Conforme vayamos haciendo los cambios, los veremos reflejados en la sección en la parte superior de la pantalla. Una vez aceptemos, volveremos a aceptar, y habremos grabado la sección tipo.

Como comentario hemos de explicar que dentro de las "asignaciones", la opción "geología" es la que nos permite introducir una capa vegetal de espesor constante paralela a la superficie del terreno, tanto en nuestros perfiles trasversales como para nuestras mediciones. Pero en nuestro ejercicio no contemplamos la existencia de esa capa de terreno vegetal, así que no usaremos esa opción.

7º) A continuación asociamos todos los archivos de planta, sobreanchos, peraltes, longitudinal, rasante, trasversales y sección tipo que hemos ido creando. Eso se realiza en "ejes-Segmentos…" - el programa llama segmento a ese conjunto de información que nos define una carretera-. Una vez dada la orden "ejes-segmentos", se nos pide el nombre del archivo, por ejemplo, "carretera 1.seg".

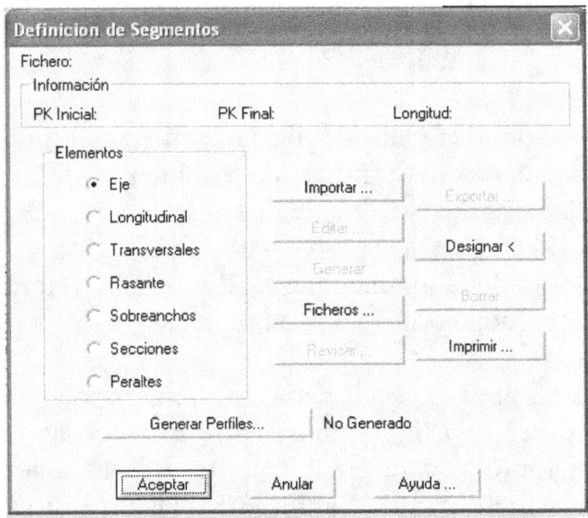

El siguiente paso es asociar un archivo de cada tipo. Elegimos "eje", y podemos seleccionarlo en pantalla por medio del botón "designar" o con "importar" elegiremos el archivo "eje_nº1.eje".En "longitudinal", con "importar", seleccionaremos el archivo "superficie 1.lon". En "transversales", mediante "importar" optaremos por el fichero "superficie 1.tra". Para la rasante seleccionamos con "importar" el archivo "rasante 1.ras". Con los sobreanchos, podemos elegir el archivo "Sobreanchos_1.sob", pero también podemos crear una familia de sobreanchos mediante la orden "generar"; Los peraltes los importaremos del archivo "Peraltes_1.per", si bien también podemos generarlos de nuevo. Cuando tengamos todos los archivos seleccionados, entonces vamos a generar una nueva familia de perfiles transversales, que se grabarán dentro del fichero "carretera 1.seg". ¿Por qué hacemos esto? Porque esta nueva familia de perfiles trasversales tiene la sección de la carretera y los taludes. Si todo ha ido bien, nos da un mensaje "Todos los perfiles generados correctamente". Le damos a "aceptar" y se graba todo lo realizado.

Si queremos, ahora podemos dibujar los perfiles transversales generados en "transversales-dibujar perfiles…". Nos pide que seleccionemos un fichero, y elegiremos el "carretera 1.seg". Aparece el cuadro en el que elegir las distintas opciones; lo dejaremos todo igual salvo la casilla altura, que necesita un valor numérico. Le daremos un valor de 10 (Según el valor que le pongamos y cómo sean los perfiles, se nos montarán unos con otros). Luego, nos pide el punto desde el que inicia el dibujo; como siempre, buscaremos una ubicación que no moleste al resto del dibujo.

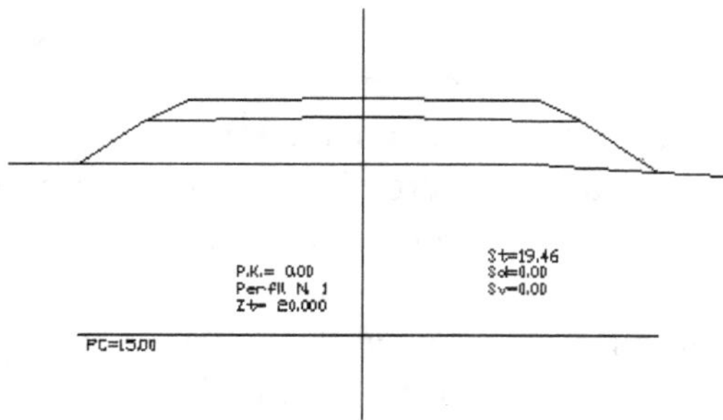



Con la opción "transversales-revisar perfiles" podemos arreglar cosas que el programa no haya hecho correctamente. Perfil a perfil, podemos introducir los distintos puntos del terreno o moverlos, para que queden bien. En nuestro caso, hemos creado unos perfiles trasversales correctos y no necesitaremos hacer nada al respecto.

8º) Ahora ya está terminado el trabajo de diseño, y nos queda representar gráficamente el trazado calculado, así como determinar los volúmenes de movimiento de tierras y general los listados de los estados de alineaciones.

Comencemos con el dibujo de la planta del trazado de la carretera. Hemos de dibujar los datos del trazado en planta, los bordes de la explanación y los peines de los taludes.

Lo primero es "ejes-acotar eje". Seleccionamos el fichero del eje o su dibujo en planta y aparece una pantalla en la que asignaremos, entre otras cosas la escala del texto y su tamaño relativo, por ejemplo, escala 1:2000 y altura 5. También diremos cada cuánto van las líneas de equidistancia cortas (cada 20m) y las largas (cada 100m), y qué es lo que queremos acotar, que serán los puntos singulares.

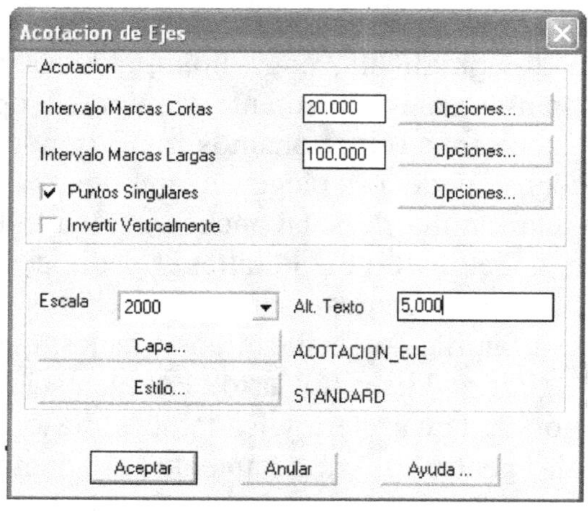



Lo segundo es dibujar los bordes de la explanación, es decir, los pies de los terraplenes y las cabezas de los desmontes. Para ello vamos a la opción "superficies-obtener terreno modificado". De nuevo me pide el archivo del eje o su representación en planta, y después, el archivo de transversales. En este caso, lo que hemos de hacer es decir que seleccionamos la entrada por fichero, escribiendo "f" y presionando enter, y elegimos el archivo de segmento "carretera 1.seg". Luego aparece un cuadro con opciones. En la zona "elementos" tenemos las distintas alineaciones que nos puede dibujar. Elegiremos "firme/plataforma/desmonte/terraplén" y también deberíamos elegir cuneta, pero no lo haremos, porque la verdad es que las dibuja muy mal. En la zona "resultado", como lo que queremos es simplemente dibujar los bordes de la explanación y de la plataforma, sólo vamos a mantener seleccionada la opción "dibujar esquema alámbrico" (si lo que quisiéramos es hacer una recreación en 3D, elegiríamos alguna de las otras opciones). En la zona "opciones", elegiremos "peines", y también podemos elegir, aunque no sea necesario, "interpolar trazado". Una vez le demos a "aceptar", el programa dibujará en la planta los carriles, los arcenes, los taludes del firme, todos los bordes de la explanación de desmonte y terraplén, y los peines respectivos. Para aumentar la información disponible de la planta, con "utilidades-dibujar cruces", marcaremos puntos en una cuadrícula, que puede ser cada 100x100m, por ejemplo. También deberíamos dibujar una rosa de los vientos que marque la dirección del Norte.

Para terminar con el dibujo en planta, solamente hay que incorporar marcos y cajetines, y elegir la escala adecuada de representación, que dependerá del tamaño de los planos a imprimir. Elegiremos un formato A1 o inferior (el papel que tenemos para el plotter es para un ancho A1). Para dar una misma presentación a todos los planos, si nos quedamos con el modelo de marco que genera el programa para los perfiles longitudinales y trasversales, lo que deberíamos hacer es primero generar los perfiles longitudinales, y a partir de los marcos que se generan, tomarlos para hacer los respectivos de los planos de planta.

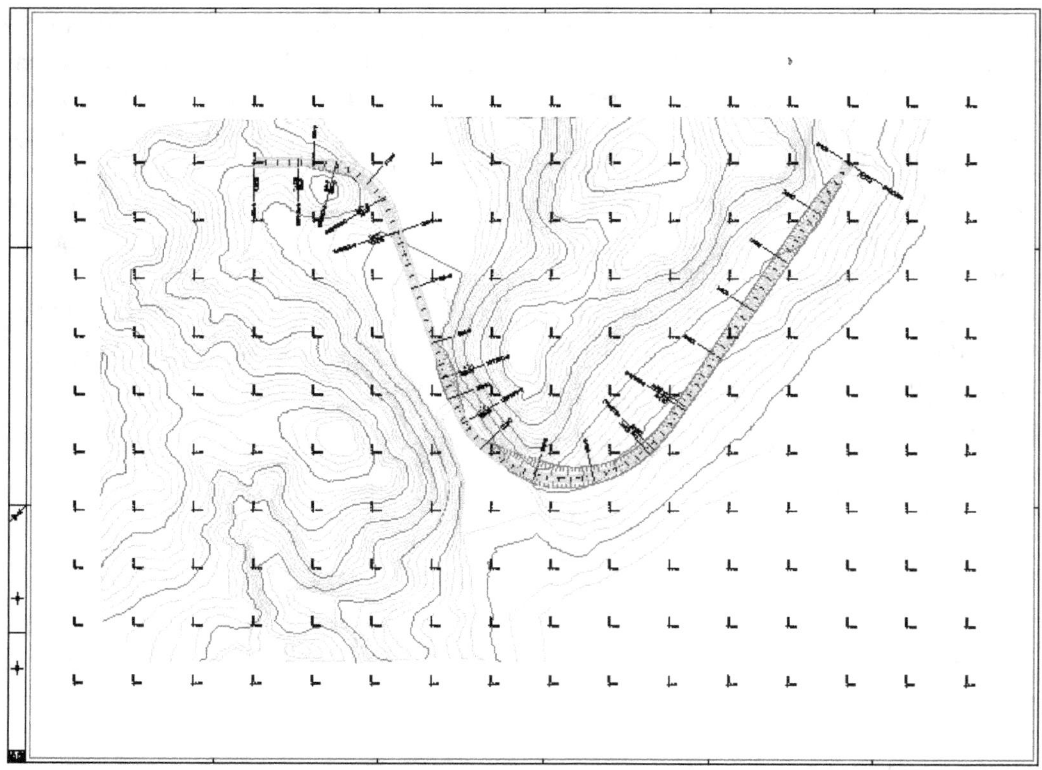

9º) Continuemos con el trazado de los planos de perfiles longitudinales.

Los realizaremos de forma directa mediante la orden, que ya en su momento empleamos, "longitudinales-dibujar perfil compuesto". En primera instancia seleccionaremos el fichero del segmento, el "carretera 1.seg". Entonces se abre un cuadro, en el que ahora voy a tener que cambiar diversas opciones.

En las dimensiones del papel, voy a poner A3 si lo pretendo dibujar en ese formato. Si dice que no me cabe, o bien reduzco las escalas de 1:1000//1:100 a 1:2000//1:200, o bien paso de un A3 a un A2.

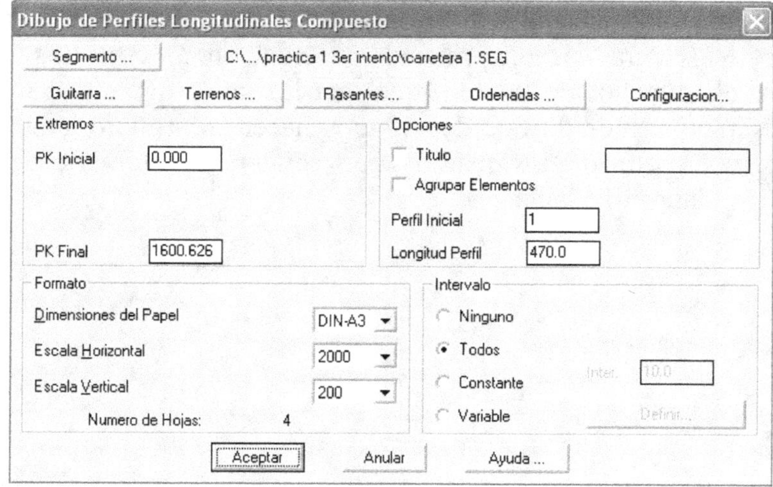

Para controlar la información que aparece en el plano tenemos el botón "guitarra", en el que podemos configurar las líneas que aparecen y su aspecto, con la opción "modificar"

---

que hay en el submenú que aparece cuando se elige "guitarra". Se pueden quitar algunos datos superfluos, como "numeración de perfiles" o "códigos", y el de "distancias parciales" se puede poner con el texto en vertical.

La información que no puede faltar en la guitarra son las cotas de la rasante, del terreno, la cota roja (resta de las anteriores), las distancias a origen y parciales, y, además, el diagrama de curvaturas y el diagrama de peraltes.

Al generar los planos, habrá siempre alguna línea que se descuadre un poco, pero quedan casi listos, a falta de incorporar la información del cajetín.

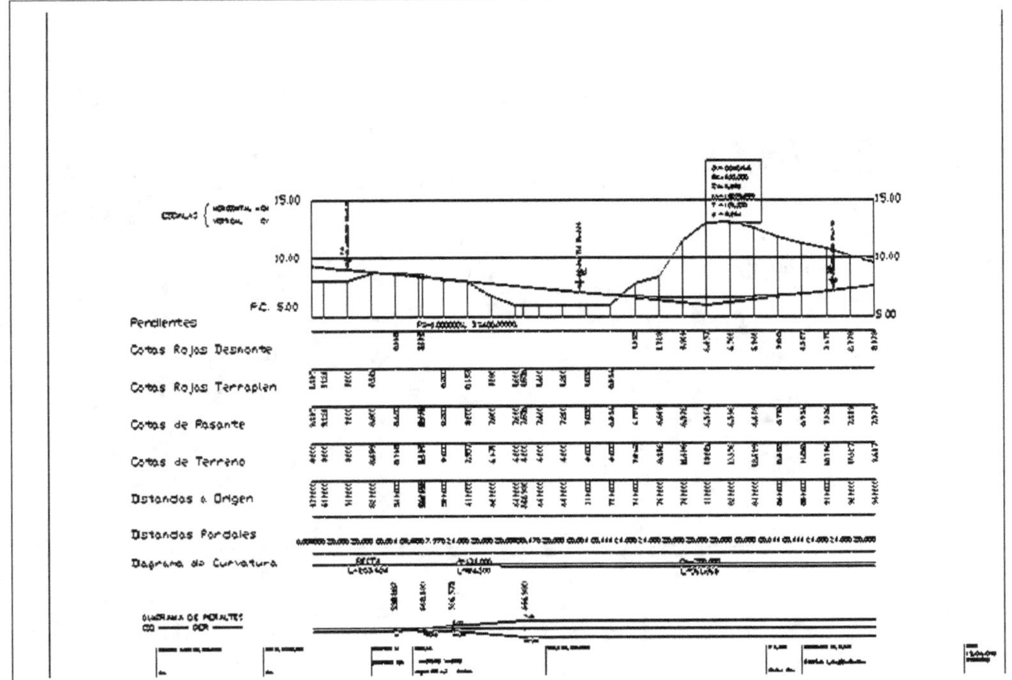

10º) A continuación hemos de dibujar el plano de la sección tipo del proyecto.

La sección tipo es como la que mostramos a continuación, salvo en el diseño de la cuneta, que varía, y particularizando el talud de desmonte como 1:1.

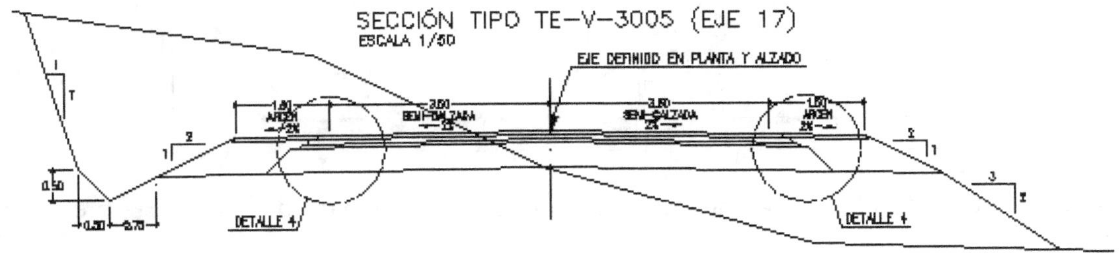


Así que con rectificar la cuneta, y sustituir la T del talud de desmonte por un 1, podemos dar la sección tipo por terminada. Para que quede bien será conveniente incluir el detalle de la sección del paquete de firme. Para dar una misma presentación a todos los planos, podemos modificar el marco y cajetín de los perfiles longitudinales para nuestro cajetín de la sección tipo.

11º) Llega el momento de generar los planos de los perfiles trasversales del proyecto. En realidad, ya los habíamos dibujado, pero sin distribuirlos en hojas. Así que vamos a volverlos a generar, pero agrupándolos en hojas de tamaño A-3, por ejemplo. Para ello usaremos la orden "trasversales-dibujar perfiles". Nos pide el archivo y seleccionamos el "carretera 1.seg". Aparece el cuadro de diálogo en el que elegimos las dimensiones del papel, A3, y para que quepan los perfiles, deberán ser de escala 1:400 en horizontal y en vertical. La longitud la ponemos de 50 y la altura de 10. De nuevo, deberemos arreglar un poco los perfiles antes de darlos por buenos, además de introducir los datos en los cajetines.

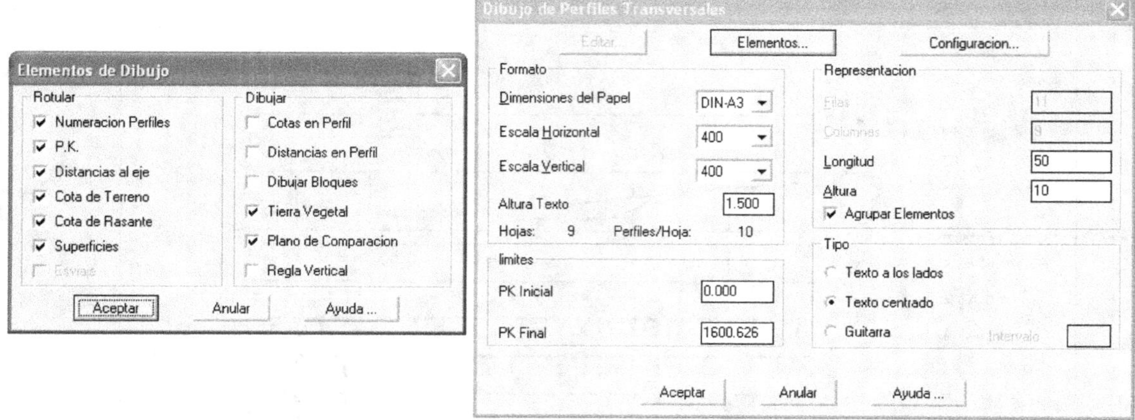

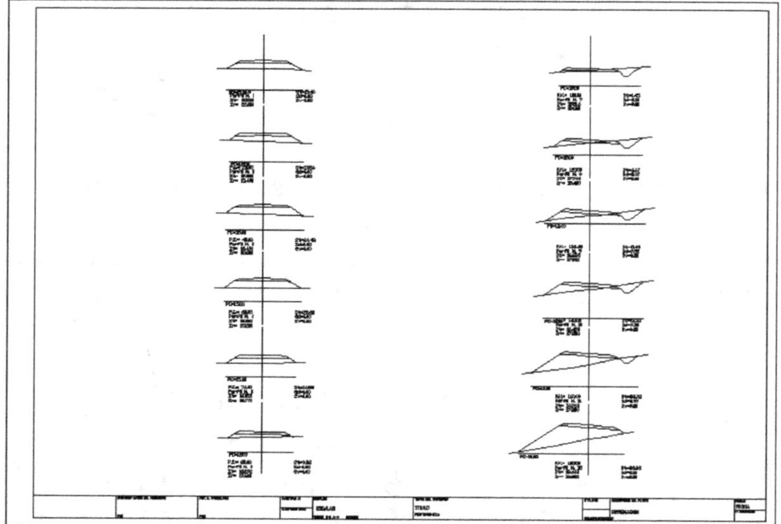

Con este grupo de planos, ya no necesitamos más planos para definir la geometría del ejercicio.

12º) Realizaremos ahora el cálculo de los volúmenes y generaremos los listados correspondientes. Para ello vamos a la opción "Volúmenes-listado de cubicación". A continuación nos pide el nombre de archivo, que será el "carretera 1.seg". Entonces podremos elegir entre que lo calcule por áreas medias (como lo hemos explicado en clase) o con el prismatoide (método supuestamente más preciso). Entonces genera un listado de áreas y volúmenes, que se puede imprimir por impresora o a un archivo. Le llamaremos "volúmenes 1.prn". Ese listado podré exportarlo o copiarlo a MSWord o a MSExcel.

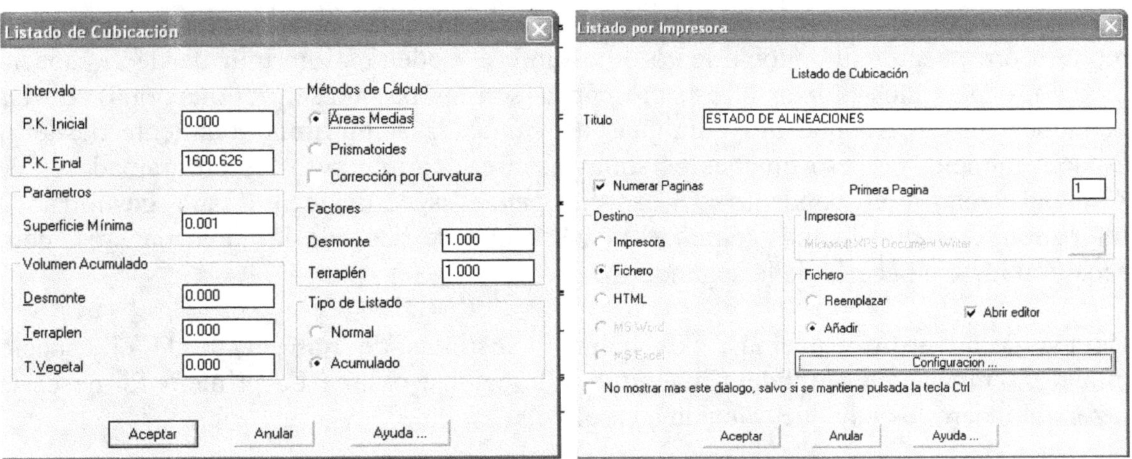

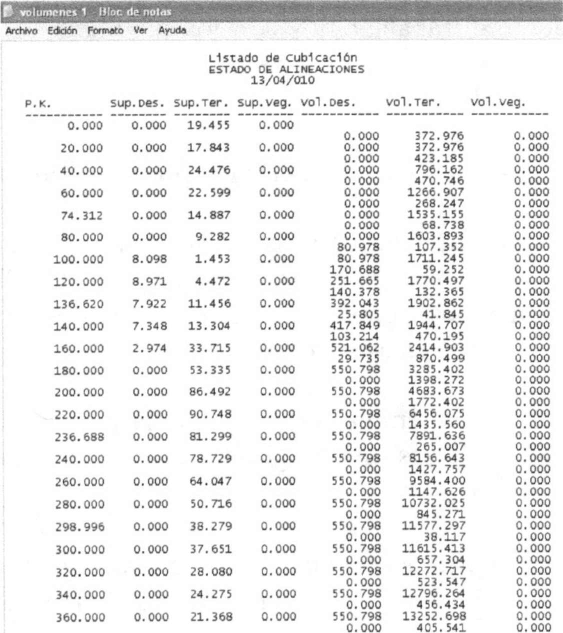

```
                        Listado de Cubicación
                        ESTADO DE ALINEACIONES
                              13/04/010

P.K.        Sup.Des.  Sup.Ter.  Sup.Veg.  Vol.Des.    Vol.Ter.    Vol.Veg.
----------  --------  --------  --------  ----------  ----------  ----------
     0.000    0.000    19.455    0.000
                                            0.000       372.976      0.000
    20.000    0.000    17.843    0.000      0.000       372.976      0.000
                                            0.000       423.185      0.000
    40.000    0.000    24.476    0.000      0.000       796.162      0.000
                                            0.000       470.746      0.000
    60.000    0.000    22.599    0.000      0.000      1266.907      0.000
                                            0.000       268.247      0.000
    74.312    0.000    14.887    0.000      0.000      1535.155      0.000
                                            0.000        68.738      0.000
    80.000    0.000     9.282    0.000      0.000      1603.893      0.000
                                           80.978       107.352      0.000
   100.000    8.098     1.453    0.000     80.978      1711.245      0.000
                                          170.688        59.252      0.000
   120.000    8.971     4.472    0.000    251.665      1770.497      0.000
                                          140.378       132.365      0.000
   136.620    7.922    11.456    0.000    392.043      1902.862      0.000
                                           25.805        41.845      0.000
   140.000    7.348    13.304    0.000    417.849      1944.707      0.000
                                          103.214       470.195      0.000
   160.000    2.974    33.715    0.000    521.062      2414.903      0.000
                                           29.735       870.499      0.000
   180.000    0.000    53.335    0.000    550.798      3285.402      0.000
                                            0.000      1398.272      0.000
   200.000    0.000    86.492    0.000    550.798      4683.673      0.000
                                            0.000      1772.402      0.000
   220.000    0.000    90.748    0.000    550.798      6456.075      0.000
                                            0.000      1435.560      0.000
   236.688    0.000    81.299    0.000    550.798      7891.636      0.000
                                            0.000       265.007      0.000
   240.000    0.000    78.729    0.000    550.798      8156.643      0.000
                                            0.000      1427.757      0.000
   260.000    0.000    64.047    0.000    550.798      9584.400      0.000
                                            0.000      1147.626      0.000
   280.000    0.000    50.716    0.000    550.798     10732.025      0.000
                                            0.000       845.271      0.000
   298.996    0.000    38.279    0.000    550.798     11577.297      0.000
                                            0.000        38.117      0.000
   300.000    0.000    37.651    0.000    550.798     11615.413      0.000
                                            0.000       657.304      0.000
   320.000    0.000    28.080    0.000    550.798     12272.717      0.000
                                            0.000       523.547      0.000
   340.000    0.000    24.275    0.000    550.798     12796.264      0.000
                                            0.000       456.434      0.000
   360.000    0.000    21.368    0.000    550.798     13252.698      0.000
                                            0.000       405.541      0.000
```

Para obtener la cubicación de los materiales del firme, usamos la opción "volúmenes-mediciones de capas de firmes".

13°) Finalmente procedemos a la generación de los listados de las alineaciones en planta y en alzado. Realizo: "ejes-listar ejes", elijo el archivo eje_n°1.eje, "imprimir", para generar el archivo del listado de alineaciones en planta. Para las alineaciones en alzado, realizo "rasantes-listar rasantes…", elijo el archivo "rasante 1.ras" y opto por "imprimir".

## 14º) Impresión de los planos de Autocad.

Esta parte debería ser conocida por el alumno, pero nunca está de más refrescar conceptos.

Hay dos maneras diferentes de imprimir en Autocad. Cada persona se decanta por un modo u otro, según su conocimiento o costumbre. Podemos imprimir desde el espacio modelo, o podemos utilizar el espacio papel (son las pestañas "presentación"). En las versiones muy, pero que muy antiguas de Autocad se imprimía solamente desde el espacio modelo, por eso muchas personas usan esa forma, pero los programadores de Autocad crearon el concepto de espacio papel específicamente para gestionar la impresión. Así que lo más lógico es saber cómo se hace de las dos maneras, pero acostumbrarse a hacerlo de la segunda forma.

Hemos de identificar además, dos maneras distintas de trabajar desde el espacio modelo: Trabajar en verdadera magnitud y trabajar a escala. La primera forma es la razonable, pero los hay que trabajan a escala.

Para que veáis cómo son las cosas, yo estuve trabajando ocho en un despacho de ingeniería en el que siempre trabajábamos con los dibujos escalados, no en verdadera magnitud, y cuando se imprimía un plano se hacía en el espacio modelo. Así que nos tendrían que haber suspendido

## 14.a) Impresión desde el espacio modelo con los planos dibujados escalados.

Es el método más malo para trabajar con los dibujos, pero el más sencillo a la hora de imprimir. Curiosamente, muchos programas, por ejemplo el CYPECAD para cálculo de estructuras o de instalaciones, generan planos escalados, por lo que podemos encontrarnos en este caso en numerosas ocasiones.

Imaginemos que tenemos, por ejemplo, el dibujo de la planta de la cimentación de un edificio a escala 1:50. Si medimos una longitud y la multiplicamos por 50 nos debería dar la magnitud real en metros.

Necesitamos tener unos bloques de Autocad con los marcos y cajetines de los distintos tamaños de plano a escala 1:1 en mm (por ejemplo, un A4 apaisado tendrá 297x210).

La primera operación es insertar el marco como bloque con "insertar-bloque". Elegimos el bloque con el marco del tamaño que pensamos que vamos a utilizar y lo insertamos a escala 1/1000.

Para escalar el bloque lo podemos hacer desde la ventana en la que señalamos el nombre del bloque, o, si escribimos la letra "E" y damos enter, nos pedirá el factor de escala por pantalla. Si queremos escalarlo a 1/1000 podemos escribir 0.001 o incluso escribir "1/1000", ya que Autocad es muy listo.

Si al insertar el bloque del marco se nos ha olvidado decir que lo queremos escalado, y tampoco le hemos dado a la E, podemos escalarlo con la orden "modificar-factor de escala", que si escribimos por teclado es "ESCALA" (si trabajamos con un Autocad inglés, SCALE, y si escribimos "_scale" también funcionará).

Evidentemente, si vemos que no nos cabe o que nos sobra plano, cambiaremos de formato.

Entonces, para imprimir nos basta con ir al menú de impresión con "archivo-imprimir" (o "archivo-trazar", según la versión).

Elegimos el tamaño de papel que se corresponda con el formato que hemos encajado.

En Área de trazado elegimos "ventana" para seleccionar los bordes del plano a imprimir.

En "escala", ponemos "personalizar" y ponemos 1000mm-1 unidad de dibujo.

Y al dar a "imprimir" ya tendremos el plano en papel.

Nunca hemos de olvidarnos de que en el cajetín debemos haber puesto la escala correctamente (en el ejemplo 1:50).

Reiteramos una vez más que esta forma de trabajar es ramplona y patatera.

**14.b) Impresión desde el espacio modelo con los planos dibujados en verdadera magnitud (y en metros).**

Es el método también es sencillo a la hora de imprimir.

*Imaginemos que tenemos, por ejemplo, el dibujo de la planta de la planta de un tramo de carretera a escala 1:1 en m, y queremos sacarlo todo en un solo plano. Si medimos la longitud mayor y la dividimos por la escala a la que pensamos sacar el plano, tendremos una idea del tamaño del papel a emplear. A la inversa, si queremos sacarlo en un determinado formato y no sabemos la escala a emplear, dividiremos la dimensión mayor del plano por la del papel, y luego redondearemos a un valor usual de escala. Por ejemplo, vamos a suponer que hemos llegado a la conclusión de que voy a encajar todo el dibujo en un formato A-1 a escala 1:2.000. El A-1 tiene formato 840mmx594mm. Una línea que fuera de parte a parte tendría en la realidad 840mmx2000=1680m. Si el plano está dibujado en metros, para que me quepa deberá tener unas dimensiones menores que esos 1680.*

Es decir, queremos imprimir un plano a escala 1:2000 de algo que nos cabe en un A-1.

Necesitamos tener unos bloques de Autocad con los marcos y cajetines de los distintos tamaños de plano a escala 1:1 en mm.

La primera operación es insertar el marco como bloque con "insertar-bloque". Elegimos el bloque con el marco del tamaño que pensamos que vamos a utilizar y lo insertamos a escala. Pero, ¿a qué escala?

Si queremos imprimir el dibujo a 1/2000, el número 2000 es el denominador de la escala. Pues bien, nuestro marco lo insertaremos a una escala 2000/1000.

Para escalar el bloque lo podemos hacer desde la ventana en la que señalamos el nombre del bloque, o, si escribimos la letra "E" y damos enter, nos pedirá el factor de escala por pantalla. Si queremos escalarlo a 1/2000 podemos escribir 0.0005 o incluso escribir "1/2000", ya que Autocad es muy listo.

Si al insertar el bloque del marco se nos ha olvidado decir que lo queremos escalado, y tampoco le hemos dado a la E, podemos escalarlo con la orden "modificar-factor de escala", que si escribimos por teclado es "ESCALA" (si trabajamos con un Autocad inglés, SCALE, y si escribimos "_scale" también funcionará).

Evidentemente, si vemos que no nos cabe o que nos sobra plano, cambiaremos de formato.

Una vez tengamos encajado el dibujo dentro del marco, para imprimir nos basta con ir al menú de impresión con "archivo-imprimir" (o "archivo-trazar", según la versión).

Elegimos el tamaño de papel que se corresponda con el formato que hemos encajado. En Área de trazado elegimos "ventana" para seleccionar los bordes del plano a imprimir.

En "escala", ponemos "personalizar" y ponemos 100mm-2000 unidades de dibujo, es decir, el factor de escala que le habíamos aplicado al bloque.

Y al dar a "imprimir" ya tendremos el plano en papel.

Nunca hemos de olvidarnos de que en el cajetín debemos haber puesto la escala correctamente (en el ejemplo 1:2.000).

**14.c) Impresión desde el espacio papel (presentación) con los planos dibujados en verdadera magnitud (y en metros).**

Es el método profesional a la hora de imprimir.

Tenemos algo dibujado con unidades en m, lo queremos imprimir un plano a escala 1:2000 y pensamos que nos va a caber en un A-1.

Necesitamos tener unos bloques de Autocad con los marcos y cajetines de los distintos tamaños de plano a escala 1:1 en mm.

La primera operación es crear (o abrir) una pestaña de espacio papel o presentación. Eso se puede hacer con "insertar-presentación-nueva" o señalando con el ratón en la zona inferior, donde tenemos las pestañitas, y dar al botón de la derecha, donde se nos mostrará esa opción.

Veremos que tenemos que configurar absolutamente todos los parámetros, comenzando por el dispositivo de impresión, es decir, el tipo de impresora y la asignación de las plumillas según alguno de los estilos de trazado que tengamos configurados.

También tenemos que configurar todo lo referente a los parámetros de presentación, que es una pantalla muy similar a la que sale cuando vamos a "imprimir//trazar". Ahí

---

 

elegimos el tamaño del papel, la orientación, y la escala de impresión, que será <u>siempre</u> 1000:1.

A la pestaña que hemos creado le podemos cambiar el nombre. La vamos a llamar "planta1".

Luego, siempre en la pestaña de presentación "planta1", insertaremos el bloque del marco de tamaño A-1 a escala 1/1000, con "insertar-bloque" y dándole de factor de escala 0.001. Moveremos, si es necesario, el marco para que coincida la esquina inferior izquierda (y todas las demás) con el tamaño de papel de la presentación creada.

Ahora vamos a crear 1 ventana. En ellas tendremos los dibujos. Eso se hace con "ver-ventanas-nuevas ventanas-simple" (o con ver-ventanas-1 ventana). Nos pedirá un área en el papel de la presentación en la que estará la ventana. Seleccionaremos toda la zona interior del marco (en realidad, se pueden hacer virguerías con las ventanas, ya que se pueden tener varias en el mismo plano con dibujos a diferentes escalas, pero lo pasaremos por alto, ya que estamos haciendo una explicación sencilla).

Hacemos doble clic sobre la ventana creada. Primero hacemos un zoom extensión para ver todo el dibujo. Entonces veremos que podemos pinchar en las entidades del dibujo, modificar cosas, moverlas, etc. Pero no vamos a emplear las ventanas para hacer eso nunca. Usaremos las ventanas exclusivamente para representar una parte o todo el dibujo. Solamente usaremos dos herramientas: la manita (orden encuadre) y el zoom. Con la manita centraremos el dibujo que queramos representar en la ventana. El zoom nos sirve para dar la escala en la que se va a representar ese dibujo en el plano. Eso se realiza no mediante un zoom cualquiera, sino mediante "zoom-factor-*1/2000*XP", donde el 1/2000 es la escala que aplicamos en el ejemplo, y que es lo que cambiará según la ocasión.

Si percibimos que la ventana tiene un borde que no nos gusta que aparezca en el dibujo, podemos cambiar la capa de la línea del borde de esa ventana a una capa nueva y desactivarla o desactivar su impresión.

Nunca hemos de olvidarnos de que en el cajetín hemos de poner la escala correctamente (en el ejemplo 1:2.000).

Ahora, para imprimir, solamente tenemos que ir al menú de impresión con "archivo-imprimir" (o "archivo-trazar", según la versión).

En área de trazado, elegimos "presentación". Debe quedar automáticamente elegido el tamaño de papel que se corresponda con el formato que hemos encajado, el área de trazado y la escala.

Por si acaso, aclararemos que en "escala", ponemos "personalizar" y siempre pondremos 1000mm-1 unidades de dibujo. La escala la estamos aplicando en las ventanas de la presentación, y el papel sale con su tamaño real en m.

# 16.- BIBLIOGRAFÍA Y WEB-GRAFÍA.

-   Conesa Lucerga, M., Fernández del Castaño, E., Arizo Serrulla, J.V. (2007) "Trazado de Carreteras (adaptado a la instrucción de dic. 99)". Editorial U.P.V. Valencia.
-   Conesa Lucerga, M., García García, A. (1993) "Diseño geométrico de carreteras". Editorial U.P.V. Valencia.
-   Kraemer, C., Pardillo, J.M., Rocci, S., García Romana, M., Sánchez Blanco, V., del Val, M.A. (2003) "Ingeniería de Carreteras" (2 vol.) Mc Graw-Hill. Madrid.
-   Ministerio de Fomento: "Instrucción de Carreteras 3.1.-I.C. "Trazado".
-   Aplitop. (2002) "TCP Modelo Digital del Terreno versión 4.0. Manual de usuario".
-   Generalitat Valenciana. (2006) "Decreto 67/2006 Reglamento de Ordenación y Gestión Territorial y Urbana (ROGTU)". Valencia.
-   Ayuntamiento de Madrid. (2000) "Instrucción de vía pública". Madrid.
-   Almarza Ramírez, J.M. (Ingeniero Autor); Iranzo Sanz, J. (Ingeniero Director) (2006) "Proyecto de Construcción: Acondicionamiento CN232: Tramo L.P. de Castellón con Rafales. Situación: Monroyo". Intecsa-Inarsa; Ministerio de Fomento.
-   www.carreteros.org. (Consulta 2011).
-   Apuntes de la asignatura: "Caminos y Aeropuertos". Prof. Marcelino Conesa, Alfredo García y Carlos Kraemer (1997) Ingeniería de Caminos, Canales y Puertos. Universidad Politécnica de Valencia. Valencia.
-   Apuntes de la asignatura: "Vias de Comunicaçao." Prof. Paulino Pereira (2007) Licenciatura em Engenharia Civil e em Engenharia do Territorio. Instituto Superior Politecnico. Lisboa.